启真馆 出品

启真·闲读馆

［韩］宋永心 著 陈晓菁 译

饮食中的
朝鲜历史

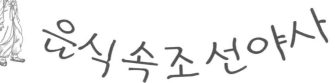

ZHEJIANG UNIVERSITY PRESS
浙江大学出版社
·杭州·

图书在版编目（CIP）数据

饮食中的朝鲜历史 / (韩)宋永心著；陈晓菁译
.—杭州：浙江大学出版社，2023.8
ISBN 978-7-308-24030-7

Ⅰ.① 饮… Ⅱ.① 宋… ② 陈… Ⅲ.① 饮食－文化史
－朝鲜 Ⅳ.① TS971.203.125

中国国家版本馆CIP数据核字(2023)第127908号

饮食中的朝鲜历史

［韩］宋永心 著 陈晓菁 译

责任编辑	叶 敏	
文字编辑	程江红	
责任校对	汪 潇	
装帧设计	周伟伟	
出版发行	浙江大学出版社	
	（杭州天目山路148号　邮政编码310007）	
	（网址：http://www.zjupress.com）	
排　　版	北京楠竹文化发展有限公司	
印　　刷	北京中科印刷有限公司	
开　　本	880mm×1230mm　1/32	
印　　张	11	
字　　数	235千	
版 印 次	2023年8月第1版 2023年8月第1次印刷	
书　　号	ISBN 978-7-308-24030-7	
定　　价	89.00元	

目　录

载满朝鲜历史的酒馆

正式开张

从现在开始，揭开朝鲜史的序幕，
在美味饮食的引领下，
看见朝鲜时代人们的鲜活趣事。

朝鲜[1]500多年的历史，对于现今的韩国人而言，非常亲切。因为不管是身上穿的、嘴里吃的还是生活中使用的东西，大部分都是从朝鲜时代流传下来并传承至今的。所以饭桌上看到的每一道小菜，都包含着朝鲜时代人们惊人的创造力、技术与智慧。每一口用筷子夹起和汤匙舀起的饭菜，都隐藏着鲜为人知、厚重悲痛的朝鲜历史。

若说现代人分享生活大小事和讨论事情的场所是咖啡馆或餐厅的话，那么可以让朝鲜时代的人们毫无顾忌地谈天说地，对于未竟之业发泄愤恨或诙谐以对，又或是拊掌而笑的场所，就是酒馆了。穿梭往来于酒馆的无数过客常将埋藏在心底的故事，借由一碗米酒，向酒馆女主人倾诉。

酒馆通常位于交通要塞、渡口或集市，例如在通往汉城[2]等大城市的必经之路上，或是在为来往的旅客提供食物、酒以及住宿的地方。如此看来，当时的酒馆和集市，可以说是扮演了现今社群网络的角色。在诸如三岔路口交会之地，载送人们南来北往的渡口，以及商业流通的必经之路，一定可以看到酒馆的踪影。奔波赶路了一整天，终于在天黑之前找到落脚之处的人们，为了准备第二天的旅程，并且让疲惫的双腿得以歇息，往往会选择在酒馆留宿一晚。在朝

---

[1] 指朝鲜王朝（1392—1910年），又称李氏朝鲜，简称李朝，是朝鲜半岛历史上最后一个统一封建王朝。一三九二年，李成桂取代高丽而建国。朝鲜王朝的首都初在高丽的故都开京，一三九四年定都于汉阳（今首尔），翌年改称汉城。

[2] 韩国首都首尔的旧称。一三九四年朝鲜君王李成桂迁都汉阳并将其改名为汉城。一九四八年起汉城改称韩语固有词"서울"（首都的意思），成为朝鲜半岛唯一一座没有汉字名的城市。二零零五年一月，韩国政府宣布"서울"的中文翻译名称正式更改为"首尔"。

醴泉三江酒幕：建于一九零零年左右，是一个为往来三江渡口的旅客们充饥止饿的地方，更是货郎们的落脚之处。
资料来源：韩国文化财厅

鲜时代漆黑的夜里，老虎出没是家常便饭，所以一旦太阳下山，人们便会结束一天的行程，在酒馆里休息，顺便来杯小酒。一杯黄汤下肚，旅客们借着酒劲，不免将一生的经历，又或是深埋在心中的冤屈向人娓娓道来。酒馆老板娘听了他们的故事之后，也许还会转述给其他旅客听，又或是被坐在身旁的旅客给听了去，于是这些故事就这样辗转流传到了其他地方。除了讲述这些琐碎的故事之外，有的人还会在酒馆里隐秘地会面，批判统治者或策划起义之事。还有一些即将流放到外岛的儒生们，在接受严刑拷打之后，拖着疲惫的身躯走在艰辛的道路上，他们也得以在这里暂时安歇喘息。"茶山"丁若镛从小坚信道义，与拥有虔敬之心的二哥丁若铨一同信奉天主教，却因此遭受审判，其中一人被发配到了地处边疆的康津，另一人则被流放到了黑山岛。当时让他流尽血泪，感受离别之痛的地方正是沿途所经过的酒馆。在流放路上面临分离的交叉路口，兄弟俩在罗州栗亭的酒馆里相互拥抱，一起度过了最后一个夜晚。在离别之际，丁若镛用他的诗词表达了当时哀痛的心情。其中一段如下：

> 起视明星惨将别
>
> 脉脉嘿嘿两无言
>
> 强欲转喉成呜咽
>
> 黑山超超海连空
>
> 君胡为乎入此中 [1]
>
> ——摘自《茶山诗文集》第 4 卷，"栗亭别"之一部分

在和丁若铨分别之后，虽然丁若镛抵达了流放之地康津，但是当时天主教被视为邪教，大家对于身为天主教徒的他唯恐避之不及，因此他找不到任何一个可以投靠的地方。唯有酒馆仍为这些被大众鄙弃的罪犯们留有一处歇脚之地。在寒风凛冽的十一月，丁若镛将自己过往的经历悉数告知酒馆的老妪，终于得以在此地落脚。丁若镛将这家酒馆称为"东泉旅舍"，并且给自己居住的房间取了一个叫作"四宜斋"（告诫自己须在此地明思、正貌、审言、慎行）的堂号。或许丁若镛在漫长冬夜，也曾经向对自己有恩的酒馆老妪发过牢骚，埋怨自

---

[1] 韩文原书所引诗句均为中韩双语对照，中文译本则直接摘录原书中的汉语作为译文。——编者注

己的不幸遭遇。铁锅中的酱汤沸腾，她在弥漫的热气之中，或是在吃着稍微结冰的凉爽水萝卜泡菜时，听他讲述这些故事，而这些故事随着时间流逝变成了历史。

另外，酒馆也是在秘密调查贪官污吏的腐败罪行时，上头所派遣的暗行御史必定会落脚居住的地方。暗行御史通常都是在接到派令时，才得知自己被派往何地监视调查，而其中大部分都与自己的故乡或姻亲等毫无关系，因此经常是某个生平未曾踏足之处。把马牌[1]和铜尺[2]放进包袱之后，启程上路的暗行御史在进入即将接受调查的城邑之前，首先抵达的地方正是酒馆。御史可以在酒馆里先行了解案情，或者是从来往的旅客口中打探犯案之人的各种小道消息。像朴文秀、丁若镛及李羲甲等暗行御史，为了铲除贪官污吏，在拿出马牌定他们罪之前，需要从酒馆里搜集、了解闹得满城风雨、令听者为之落泪的故事与沉冤莫白的案情。

若是在酒馆里喝酒，店家会奉上免费的下酒菜一份。有时候是泡菜，有时候则是腌酱菜。酒馆的木头架子上总是备有好几种下酒菜：干货类的下酒菜有肉干、鱼干以及鱿鱼丝等；价格昂贵的下酒菜有将牛肉或猪肉烫熟做成的白切肉、宫廷烤牛肉、年糕烤肉串、烤鱼以及解酒汤等。另外还有能够为游子们止饥的饮食菜汤，主要以酱汤泡饭为主，将牛排骨肉炖煮到熟烂之后，就可以做出一碗滋味醇厚的汤饭。

旧时考生们赴京赶考之际，酒馆里座无虚席。若是遇到每 3 年举

---

[1] 朝鲜时代，使用驿站马匹办理公务的官员出发之前在尚瑞院领取马牌，以便在途中的驿站换乘马匹。

[2] 验尸用。

行一次的式年试 [1]，那么通往首尔的各个路口的酒馆，几乎家家都挤满了背着行囊的考生。在朝鲜时代后期，全国上下干旱等灾害不断，路上到处都是逃亡的饥饿难民。连一餐饭都难以解决的难民，有的甚至会偷偷进入酒馆，把自己的孩子抛弃在这里之后独自离开。听说有些酒馆老板娘，因为不忍心看到被扔在酒馆里的孩子饥肠辘辘而给他们食物，也传闻该地区的富有人家会捐赠粮食，甚至有的会把孩子带回家抚养。以下是了解过这类事件的暗行御史将实情记录下来并且上呈的奏折内容。

> ……昨年以来，流民之遗弃孩稚，多在于邑治店幕、大村富户等处，衣食稍裕者，辄收而养之，故得免于中野暴露……
> ——《正祖实录》，正祖十四年（1790 年），四月三十日在京津的第 1 篇记录

就这样，酒馆是鲜活地见证了朝鲜历史传承的地方。现在，我们将以朝鲜的酒馆为背景，通过想象游客与酒馆老板娘之间的对话，让与饮食相关的朝鲜史内幕故事，变得更加"丰盛"和"美味"。

---

[1] 文科举又分大科（文科）和小科（生员、进士科），大科分为式年试和别试，式年试规定三年一试。

第一章　结合政治史的饮食

斗争激烈程度不亚于任何地方的朝鲜宫廷

蕴含着波澜壮阔的朝鲜政治背后故事的食物

菜单 1-1　笊篱年糕汤

最后一个高丽王族送给李成桂的诅咒标识

老板娘，
动身上路之后，一直赶路到现在，
连碗年糕汤都没得吃，
请给我煮碗年糕汤吧。

真是可怜啊，
大过年的，怎么可以少了碗年糕汤呢！

不过老板娘，
年糕汤里的白米糕，
怎么会长成这样？

我们这个村子里呀，
煮出来的年糕汤就是长这个样子的。

呵呵，这个还真是新奇。
其中有什么缘由吗？

有的，
年糕汤之所以长成这个样子，
其中缘由就让我说给您听吧。

在春节吃可以招财纳福的年糕汤

韩国人是从什么时候开始做年糕汤来吃的呢？依据"六堂"崔南善[1]从一九三七年开始在《每日新报》上连载，结集于一九四八年出版的《朝鲜常识问答》内容来看，其传统可以追溯到非常久远的年代，据说最早是源自上古时代在新年祭祀时所吃的"饮福"当中。"饮福"是指得到神明赐予之福分的意思，也就是在祭祀之后，大伙儿一同分吃作为祭品的酒和食物的风俗。崔南善在书中说明了关于做年糕汤的含义，"以白色的食物作为新年的开始，表示天地万物复苏新生，隐含着宗教式的意义"。他又写道："在新年第一天，万象更新之际，白色的年糕具有以洁白的内心来迎接新年的含义，所以才会煮象征纯洁无垢的白色年糕汤来吃。"

有趣的是，现如今新年第一天所吃的年糕汤，在朝鲜时代是在一年的最后一天，也就是大年三十除夕夜吃的食物。当天晚上一家大小会围坐在一起，吃着这道年糕汤。上述内容记载于金迈淳一八一九年编写的《洌阳岁时记》中，金迈淳在正祖时期历任抄启文臣，在纯祖时期则担任礼曹参判一职。此外，该书还介绍了放在年糕汤中的白米糕的制作方法。其做法如下："好稻米作末细筛，清水拌匀，蒸熟置木板（案盘）上，用杵捣烂，分作小段，磨转作饼，体团而长如八梢鱼股，名曰拳模，先作酱汤，候沸将饼细切如钱形投之，以不黏不碎为佳，或和以猪牛雉鸡等肉。"年糕之所以会做成长条状，是因为想要

---

[1] 崔南善（1890—1957年），号六堂，朝鲜的诗人、历史学家、出版人及朝鲜半岛独立运动领导人，和李光洙一起被视为韩国近代文学的开创者。

让它看起来像钱袋的模样。将长条糕切片之后，就变成了铜钱的样子，人们吃了这种形状像钱的年糕汤，祈求新年初始，财源广进。

《浏阳岁时记》：记录汉城年例活动的书。
资料来源：韩国国立中央博物馆

那么，年糕汤是用什么方式来煮的呢？自高丽后期以来，年糕汤的高汤都是用雉鸡肉来熬煮的。在 13 世纪末，蒙古的势力范围扩及高丽，因此元朝的风俗也传入高丽，民间开始流行利用老鹰来猎捕雉鸡。后来随着元朝的衰落，利用老鹰猎捕雉鸡的行为也逐渐减少，于是人们开始用一般的鸡取代雉鸡，作为熬煮年糕汤的食材。由此衍生出了一个经常使用的俗语"以鸡代雉"，表示聊胜于无的意思。比《浏阳岁时记》晚30年出现，宪宗时期由洪锡谟编纂的岁时节令风俗集《东国岁时记》"正月篇"中，也有提及这样的内容："白饼因细切薄如钱，和酱水汤熟，调牛雉肉番椒屑，名曰饼汤。"这里所提及的"番椒屑"，即把有特殊香气和味道的花椒果实晒干后磨制成的粉末调味料。不过为何现今的人们会改用牛骨或牛肉来煮年糕汤呢？因为进入现代社会之后，一般百姓也很容易就可以买到牛肉了。而且随着不再使用铜钱，年糕的形状也就从铜钱状变成了现在的椭圆形模样。

另外，由于朝鲜时代将高汤称为"汤"，因此年糕汤也称为"饼汤"，撷取"白汤"和"糕饼"中的文字，取其"白色的高汤"之意。顾名思义，饼汤就是"用年糕煮成的汤"。另外，吃了年糕汤就表示增加一岁，因此又有"添岁饼"之别名，所以年糕汤是"岁馔床"（年节餐桌）上不可或缺的一道食物。"岁馔"是指新年第一天用来招待前来拜年的客人的食物，一般包括年糕汤、萝卜片水泡菜、煎饼、甜米露以及水正果（生姜桂皮茶）等。

时至今日，年糕汤已不再是春节时才会吃的食物，在日常生活中也能经常吃到。不过根据《宫中宴会记录》所记载的内容来看，朝鲜时代的年糕汤并不是在春节的时候吃，而是在宴会当晚提供给客人们享用的饮食。兴宣大院君执政时期（1820—1898年），他于一八六八年十一月六日 [1] 为庆祝赵大妃（追尊翼宗之王后，神贞王后赵氏）花甲之喜而举行了宴席（进馔例），当时就是以饼汤来为乐工和跳舞的女伶们充饥止饿的。

另外，在日本德川幕府新任将军德川吉宗继任之时，为表达祝

---

[1] 本书所提日期均指农历。

贺，朝鲜派出的使节团曾在一七一九年四月至一七二零年一月期间于日本停留，当时的使臣申维翰以一首与饼汤有关的五言诗记载了此次访问。其所著的《海游录》记载了他们在对马岛迎接新年，一边吃着由于材料不足而草率完成的年糕汤和加着酱料的生鱼片，一边遥想着远在故国的父母亲的情景。各位读者，一同欣赏以下这首诗吧！

> 满目海茫茫
>
> 姜辛佐鱼鲙
>
> 肉细和饼汤
>
> 言是故乡味
>
> 忆亲复忆亲
>
> 泪若秋波陨
>
> 劳劳楚奏人

就算是用笊篱年糕汤，也要向李成桂报仇的高丽王族

年糕汤不但是春节时必定会做来吃的时令饮食，而且也是表达对故乡和父母亲思念之情的传统食品。不同地区的年糕汤各有其特色，尤其是在京畿道开城地区，白米糕的模样看起来就像是蚕茧，特别引人注目，这种年糕汤就叫作"笊篱年糕汤"。现今的磨坊已经机械化了，因此用机器就可以快速做出长条糕，但是在朝鲜时代，想要做出长条糕可不是一件简单的事情。更何况笊篱年糕必须一一用手工制作，因此比做其他年糕需要花更大的功夫。要制作笊篱年糕的话，首

先面团就要调得比一般面团更稀软一些，然后须放置一段时间，让面团的黏性去掉才行。将刚做好还带着热气的长条糕抹上芝麻油，然后赶紧切成蒜瓣般的大小，接着用刀子在面团中间划一刀，做成蚕茧的形状。因此每到除夕当日，为了制作笊篱年糕，几乎家家户户都动员了所有家人的力量。

那么，为何只有开城这里会做笊篱年糕呢？野史记载，这是因为笊篱年糕里面隐藏着开城人民的愤怒和怨恨之情。由于高丽君王出生于开京（开城的旧称），因此开京人民一直引以为豪，但自从李成桂[1]于一三九二年七月十七日在开京的寿昌宫逼迫高丽恭让王退位并自立为王之后，开京人民便从首都子民沦落为不知何时会为了复兴高丽而发动叛乱的"可疑分子"。当时开京人民所蒙受的耻辱，通过《朝鲜王朝实录》当中记录高丽最后一位君王恭让王被迫让位给李成桂的内容，大致可以推测出来。

> 遂奉妃教废恭让。事既定，南訚遂与门下评理郑熙启赍教，至北泉洞时坐宫宣教，恭让俯伏听命曰："余本不欲为君，群臣强余立之。余性不敏，未谙事机，岂无忤臣下之情乎？"因泣数行下，遂逊于原州。
>
> ——《太祖实录》第 1 卷，太祖一年（1392 年），七月十七

---

[1] 一三八八年，李成桂由于不肯奉命发兵辽东而起兵谋反。一三九二年，在高丽权臣郑道传的辅佐下，李成桂自立为王，创立朝鲜王朝，是为朝鲜太祖。即位后，李成桂清除了高丽禑王的势力，并通过招抚、武力征服朝鲜半岛东北地区的女真部落，进一步加强了对该地区的管辖。

日第 1 篇记录

回溯这段历史，一三八八年，借由"威化岛回军"[1]之军事政变，李成桂废黜禑王，另立昌王，并独揽军政大权。但是他与新进士大夫们并无心拥禑王之子昌王为王，他们甚至声称禑王并非高丽恭愍王之子，而是辅佐他的宠臣辛旽之子，并以废假立真为由将其驱逐。取而代之的是高丽武臣政权的独裁者崔忠献所推举的高丽神宗七世孙，而这位七世孙正是恭让王。恭让王虽然性情温柔，但是却被史学家评价为个性优柔寡断。据说他在登上王位时还流着眼泪，说自己不愿意登基为王，不仅如此，当他被逼迫退位时，也依然只是泪流满面，并未做出其他抗争。

那么高丽王朝王族的下场又是如何呢？根据太祖三年（1394 年）四月十四日的记录来看，太祖李成桂对于众臣们呈上来的请求，表面上装作无法推托的样子，实则紧急调派官吏前往 3 个地方驻守。这 3 个地方正是三陟、江华岛以及巨济岛。其后在太祖三年四月十七日，恭让王被降级改封为恭让君，恭让君和两个儿子随后迁至三陟。最后，太祖传旨以有人拥戴恭让王谋反为由，将恭让王及其二子绞死。依据三陟地区流传下来的传闻，恭让王在三陟住在与平民百姓所住无异的简陋房舍里，最后被人用绳子勒住脖子绞杀。据说他和他的两个

---

[1] "威化岛回军"是高丽王朝末期发生的一场军事政变，其发生时间为高丽禑王十四年（1388 年）。高丽王朝派遣李成桂征讨明朝控制下的辽东，但李成桂在鸭绿江的威化岛发动叛变，回军攻陷都城开京，废黜禑王，另立昌王。在兵变之后，李成桂独揽高丽王朝大权，为后来建立朝鲜王朝奠定了基础。

儿子还被合葬在和寻常百姓没什么两样的坟墓当中。恭让王曾经居住过的地方叫作宫村，宫村和田野之间则被称为宫址。据说朝鲜宣祖三十三年（1600年），在"眉叟"许穆担任三陟都护府使时，曾经留有他认为只留下一名看墓人的恭让王陵实在是过于简陋的记录。不过奇怪的是，目前恭让王陵同时存在于两个地方：高阳市和三陟郡，至于位于两处的恭让王陵究竟何者为真，目前尚未可知。不过从高丽时代到朝鲜时代改朝换代的过程之中，高丽王族受到了相当大的压迫，这倒是一件千真万确的事实。

从恭让王的死亡过程中可以看出，李成桂即位之后，给开京人民留下了死亡和镇压的心理阴影。李成桂将高丽王族中带着王姓的人们赶尽杀绝、逼入绝境。首先他宣布将江原道、江华岛以及巨济岛的岛屿赐给他们，让王氏宗亲以为可以在那些土地上以平民的身份继续生活。接着他在全国上下张贴榜文，将高丽王氏宗亲聚集起来，然后让这些人坐上已经事先在船底打好洞的船，使他们搭乘的船只在行驶不久之后即沉入水中。太祖便是以这样的方式将王氏宗亲埋葬在海底，最后将高丽宗室全部诛灭的。为免除后患，幸存的高丽王姓遗族也在太祖三年四月之际，被太祖李成桂派遣到三陟、江华岛以及巨济岛的官吏们强行夺走了性命。因此，仅存的少数王姓遗族只好含着眼泪隐姓埋名。为了躲避杀身之祸，他们在姓氏"王"字上增加了笔画，改成全氏、玉氏以及田氏等姓氏，其中甚至也有人选择了带有君王意味的龙姓作为新的姓氏。虽然他们对太祖李成桂的愤怒已经达到了极点，但是由于权力早已被全部剥夺，因此只能沦落为没有任何力量的普通百姓。据说他们唯一能发泄情绪的方式，就是做出象征将太祖李成桂的脖子掐住的笊篱年糕了。

事实上，关于新年初始做年糕汤来吃的缘由也存在其他不同的说法。有人说拍打葫芦所发出的声响可以驱鬼辟邪，因此才将年糕做成类似葫芦的样子；也有人说因为蚕茧象征着吉运，所以才会做出蚕茧的形状。在朝鲜王朝成立之后，王姓遗族完全放弃了政治理想，走上了经商之路，心中怀抱着家财万贯的希望，于是从新年头一天就制作蚕茧形状的年糕汤来吃，借此祈求好运降临。另外也有祈祷新的一年好运不断之意，因此才有在正月初一吃笊篱年糕汤的习俗。

<hr />

埋葬高丽王朝最后一位君主恭让王的恭让王陵，为何会有两处呢？

为高丽的末代君王也就是第 34 任的恭让王建造的恭让王陵，至今仍是一个未解之谜，因为他的陵墓同时存在于高阳市和三陟郡两处。而这两个地方都提出了各种证据，主张位于当地的恭让王陵才是真的。首先，传闻当时有只忠犬为了追随自杀的恭让王而一起淹死于池塘中，而位于高阳市的恭让王陵有为它建造的石像。恭让王被李成桂逼迫退位并且逐出开京，一开始被安置在原州，其后又迁至三陟。为了潜入开京，恭让王从三陟逃离，抵达了现今高阳市食寺洞见达山的山脚下。他投靠了一间小寺庙，并且接受了僧人提供的食物，然后在此地借住了一宿。因为君王曾经在食寺洞住过一晚，所以这里又叫作"御寝"。但是据说因为过于狭小，不适合长久居住，于是他们离开寺庙，改住在楼阁中。后来遭到追杀，恭让王于是跳进莲花池自杀了。高阳市的恭让王陵被指定为史迹 191 号，恭让王自杀投身的莲花池所在地，至今仍然被称为"大阙岭"。依据《世祖实录》十九年（1474 年）七月乙巳条中记载，恭让王的御真（帝王的画像）放在了高阳县陵墓旁的庵庙。《宪宗实录》十四年（1848 年）二月戊辰条也记录着恭让王陵位于高阳县一事。1530 年中宗时期所编纂的《新增东国舆地胜览》中，也记载着恭让王陵位于高阳县见达山的山脚下。

高阳恭让王陵：高丽末代君王恭让王的陵墓所在地之一，位于京畿道高阳市。
资料来源：韩国文化财厅

三陟恭让王陵：两处恭让王陵之中，其中一处位于三陟，据闻恭让王被绞死后埋葬于此地。
资料来源：韩国文化财厅

与高阳市流传的故事不同，三陟郡的恭让王陵也有相当充分的理由足以佐证，恭让王是遭到绞刑而窒息死亡的。依据《朝鲜王朝实录》中的记载，恭让王在流放路上一路辗转，途经开京、原州、杆城，最后才迁至三陟，其后在太祖三年（1394 年）被处以绞刑。

菜单 1-2　叔舟豆芽

群众为了吸取叛国者之教训而为其取名

老板娘，刚才送上来的这道菜，
吃起来味道有点奇怪，
怎么会酸溜溜的呢？

怎么会，难道是坏掉了吗？
明明才刚做好没多久，可能是因为天气太热了，
所以才变质了吧。

怎么会这么快就走味了呢？

因为是绿豆芽嘛，
本来就很容易坏掉。

绿豆芽这个东西呀，
这么容易腐坏变质，
其中有没有什么缘由呢？

当然有啦。
太阳也快下山，该是休息的时候了，
既然如此，
那么我就把绿豆芽的故事告诉你吧。

这样正好，刚好今天也没什么客人，
请你快点把故事说给我听吧。

绿豆芽被称为"叔舟豆芽"的原因

　　叔舟豆芽本来的名字叫"绿豆芽"。顾名思义，就是将从绿豆里长出的嫩芽拿来做菜吃，所以才叫作"绿豆芽"。想要让绿豆发芽的话，只要像发黄豆芽一样，将绿豆泡在水里，然后持续浇水即可。待绿豆发芽之后，就可以将绿豆芽拿来做成凉拌菜了。在沸腾的水中加入少许盐巴，将绿豆芽余烫好之后，用冷水冲洗一下，去除水分后再加入各种调味料，一道凉拌绿豆芽菜即可完成。虽然在现代，这是一道不分季节都可以吃到的日常小菜，但是在朝鲜时代，绿豆芽却是一道只有在特定的时间场合才会出现的菜色。例如，这道菜会在长辈生日时出现在清早的餐桌上。另外，在为孩子举行周岁宴的时候，这道菜也会和汤面一起出现在招待宾客的餐桌上。还有，在祭祀亡者的时候，供桌上会准备三色蔬菜，其中除了蕨菜和桔梗之外，绿豆芽也是不可或缺的重要角色之一。据推测，绿豆芽并不是韩国的本土食物，而是在高丽末期由元朝传入的。元朝的家庭饮食百科《居家必用事类全集》中，称绿豆芽为"豆芽菜"，并且介绍了绿豆芽的养成方法。因书中描述的方法与我们所使用的一模一样，所以才有这样的推测。从 13 世纪末开始，高丽受到元朝的间接支配，贡女、人质和使臣们经常出入元朝，因此民俗风情的交流也日益频繁，而绿豆芽和饺子的制作方法也正是在此时传入了韩国。在高丽时期，叔舟豆芽还是称为绿豆芽。另外，从朝鲜时期正祖所记录的《日省录》或纯祖命人编纂的《万机要览》等资料来看，当时并未出现"叔舟豆芽"的名称，而是标记为"绿豆菜"或是"绿豆长音"。

但是为何现代会出现"叔舟豆芽"这样的名字呢？这是因为在朝鲜时代，百姓就是这么称呼绿豆芽的，所以这个名字就这样流传了下来。"叔舟豆芽"的"叔舟"是指朝鲜时代世宗大王曾经宠爱的集贤殿学者申叔舟，后来之所以衍生为蔬菜之名，和他的行事作风有很大关系。申叔舟虽然是朝鲜具有代表性的知识分子，但是他一方面受到世宗的重用，另一方面却又将忠义弃如敝屣，最终还走上了叛变之路。由于绿豆芽是一种极易变质的食物，很容易让人联想到叛变者申叔舟的所作所为，因此百姓们便以"叔舟豆芽"来称呼他。另外还有一种说法，在做饺子馅的时候，一般会将绿豆芽剁碎放进去，有人说叛变者申叔舟也应该受到如此对待，所以才会替他取了一个这样的称号。

在世宗时期，历史上出现了很多杰出的人物，但是没有几人甘愿冒着生命危险，为被叔父首阳大君强行夺走王位而受尽冤屈的端宗展开复位行动。而且，还有一些人也像申叔舟一样，转而辅佐新继任的世祖并且献出自己的忠诚。可是他们并未成为众人指责的对象，为什么唯独申叔舟成了"绿豆芽"的代名词，还被取了一个在历史上带有耻辱意味的别名呢？那是因为申叔舟曾经受过世宗和文宗的恩惠，所以他应该要遵守为人臣子的道义，但是他非但没有恪守本分，反而将端宗（文宗唯一的儿子）推入了无底深渊，由此可以得知百姓们对他感到多么失望。那么他到底做错了什么？让我们一起回顾一下申叔舟的人生轨迹吧。

申叔舟肖像：这是朝鲜前期文臣"保闲斋"申叔舟（1417—1475 年）的肖
像画。
资料来源：韩国文化财厅

　　申叔舟于一四一七年出生于名门望族的高灵申氏家族。他的家
族从曾祖父起即任职判书和参议，父亲是曾任工曹参判的申樯。申樯
平时很喜欢喝酒，因此他用与酒字同音的"舟"字为自己的五个儿子
取名。申家不仅祖辈鼎鼎有名，后代子孙也不遑多让。申叔舟的后代
里有朝鲜后期以风俗画而闻名的"蕙园"申润福，另外，民族历史学
家"丹斋"申采浩也是他的嫡系第 18 代子孙。不过讽刺的是，前人
和后代却走在极端的两条路上，电影里面才会发生的情节，在一个拥

有数百年历史的家族中轮番上演。申叔舟从小在文章和书法方面的表现就十分出色，曾经师从著名文人郑麟趾与尹淮，之后还成了尹淮的孙女婿。他在一四三一年参加了生员和进士的初试，接着便一路过关斩将考到覆试，最后拿下了榜首的荣誉，并且在世宗面前举行的大科考试中金榜题名，取得文科第三名的好成绩。世宗相当看重他的才能，一四四一年起，他开始在精英荟萃的集贤殿任职，并且就此与世宗结下了一段深厚的缘分。申叔舟非常喜欢读书，在藏书阁彻夜读书对他而言只是家常便饭，不过偶尔也会一边看书一边打起瞌睡。在他值班的某个夜里，申叔舟不小心又睡着了，当他醒来的时候发现世宗的御衣正披在他的肩上，让他吓了一大跳。世宗十分疼爱集贤殿的学士们，因此他担心在寒风中熟睡的申叔舟会生病，于是让内官把御衣披在申叔舟的身上。申叔舟对于世宗的看重也十分感激，一国之君将自身衣物披在他身上，表示君主对他的疼惜与信赖，后来这个故事从宫廷传到了民间，一时蔚为美谈。

他在语言学习上具有相当卓越的天分，不仅熟稔薛聪所整理的吏读[1]，更精通汉语、日语、蒙古语、女真语、琉球语、阿拉伯语以及印度语等各种语言。正因为如此，一四四三年当通信使卜孝文前往日本的时候，身为他的书状官兼从事官的申叔舟也一同访问日本。据说当时日本人曾经提议以诗文来一较高下，而他即席写下的出色诗句立刻赢得了日本人的喝彩。限制与日本贸易的协议《解约条款》，正是当时他们与对马岛岛主所签订的。另外，他还将自己出使日本所获

---

[1] 以汉字表记朝鲜语（韩语）的一种方法。

得的经验编写成了一本书，叫作《海东诸国纪》。此后，他除了身为集贤殿学士，同时也作为朝鲜通信使团访日的书状官活跃于政坛，并且在一四四三年还参与了《训民正音》的创制。关于《训民正音》的创制，近来有语言学家认为应该是由世宗独创的，而此主张也相当具有说服力。不过即使被认定是世宗独创的文字，像《训民正音谚解》、《东国正韵》以及《龙飞御天歌》等说明《训民正音》原理并使其广泛被使用的书，以及在汉字上加上《训民正音》的字母并将其加以应用而创作出来的文学作品等，也都是汇聚集贤殿众学士之力才得以完成的。而其中最大的功臣，正是登上集贤殿最高职位直提学的申叔舟。

由此可看出，申叔舟被世宗视为左膀右臂，世宗非常信任他，并且给予了他很高的评价，认为他足以担当重任。申叔舟是集贤殿最具代表性的学者之一，担任世子侍讲院弼善一职，与后来成为文宗的世子结下了深厚的情谊。在文宗为世宗代理听政的时候，申叔舟在他身边不遗余力地给予了很多帮助。在世宗与世长辞之后，文宗继位成为朝鲜第 5 任君王，他跟世宗一样很喜欢文学，施行仁政，但是身体状况并不佳。文宗在登基 3 年之后病入膏肓，虽然予以治疗却始终不见起色，于是他将平时最信任的成三问、朴彭年及申叔舟 3 人唤来，进酒赏赐给 3 人并请托他们要好好照顾世子。他们 3 人喝得酩酊大醉，甚至无法起身，因此文宗让内官把他们抬回去，第二天清醒之后，他们才发现自己身上披着的是文宗的御衣，深受感动的他们不禁热泪盈眶。虽然他们衷心祈祷文宗早日恢复健康，但是文宗始终未见好转，最后于一四五二年撒手西归。正因为有着这样的缘分，当民众知道申叔舟后来并未参加端宗（文宗之子）复位运动时，才会对他深感失望并且强烈谴责他。后来也因为他的背信弃义，人们才会在菜名之前加上他的名字。

即便有着辉煌的功绩，却仍然无法消弭变节污名的申叔舟

端宗继文宗之后登上了王位，不过当时他只是一个年仅 12 岁的少年。他的祖父世宗一共有 18 位王子，其中二王子首阳大君是个野心勃勃且性格暴躁的人，因此一直是世宗心中的隐忧。首阳大君和太祖李成桂或太宗李芳远性格相似，除了都武艺超群之外，同样拥有果决的判断力，而且不达目的决不罢休。他一直有夺取王位的狼子野心，因此私下四处打听能够助他一臂之力的心腹谋士，他一眼就看出曾经任职敬德宫宫直的韩明浍是最佳的人才，于是将他留在身边并委以重任。韩明浍也没有让首阳大君失望，在他娴熟缜密的策划之下，首阳大君小心翼翼地跨出了成为王的第一步。而在暗地里牵线，将韩明浍推荐给首阳大君的人正是申叔舟。因为首阳大君对申叔舟信赖有加，且两人年纪相同，所以很快就建立了深厚的情谊。

一四五三年，首阳大君将为了辅佐年幼端宗而被称为"黄标政事"[1] 的重臣金宗瑞棒打致死，并且发动了"癸酉靖难"。这里的"黄标政事"是指：为了帮助年幼的端宗治国理政，金宗瑞会在他决定政策或人事安排的奏折上贴有"黄标"这样的黄色纸条，端宗见了就会

---

[1] 本来朝鲜时代的人事一般由吏曹负责安排，但是文宗在临死之际，担心年幼的端宗即位后政局不稳，因此把人事权委托给金宗瑞和皇甫仁。当时政令上被委任者的名字会被贴上黄色的纸条，因此又有"黄标政事"（又名"落点政治"）之称。

按照黄标上所指示的内容去执行。申叔舟虽然没有直接参与"癸酉靖难"，但是表示了支持的态度。他极力拉拢曾经与他共同完成《世宗实录》并有着同甘共苦情谊的成三问与朴彭年等集贤殿学士们，协助首阳大君夺取政权，成了靖难之变的功臣。其后他更借此功劳扶摇直上，登上了相当于现今青瓦台秘书室长的承政院都承旨的位置。申叔舟没有守护因为叔父的威胁而整日惶恐不安的端宗，反而将端宗的一举一动报告给首阳大君。首阳大君发动"癸酉靖难"之后，对端宗的统治产生了威胁，最后，端宗被迫让位给首阳大君。

　　一四五五年闰六月十一日，满朝百官齐聚在景福宫庆会楼，举行了将端宗的王位传给世祖的禅位仪式。被迫将王位让给叔父的端宗用颤抖的声音命人将玉玺拿来，此时负责传递玉玺的成三问因为过于痛心而将玉玺抱在怀中，当场放声大哭起来。而朴彭年的反应更加激烈，他试图在庆会楼前投湖以明志节。看到这一幕的成三问急忙将眼泪擦干，上前一把拉住朴彭年，接着说服朴彭年一同制定替端宗夺回王位的复位大计。此后每当看到世祖坐在王位上装腔作势的时候，他们只能用苦不堪言的表情望着他，焦躁难耐地度过每一天。申叔舟对此事完全不知情，凭借着在世祖登基时所立下的功劳，他被封为同德佐翼功臣，其后又升任为艺文馆大提学，身负册封奏请使一职，奉命将世祖即位一事昭告天下。他于一四五六年成功完成任务并顺利返回。就在同一年闰六月之际，成三问制订出了准备一举铲除世祖、懿敬世子以及世祖亲信大臣的复位计划。不料由于宴会场所过于狭窄，"别云剑计划"不得不取消，而且王世子也没有打算参加这场宴席。另外，参与端宗复位运动的相关人士，因为担心计划被人识破而过得战战兢兢。然而不幸的预感总是容易成真，集贤殿学士金硕向他的岳父，也就是身居右赞成的郑昌孙透露了此次复位计划。郑昌孙一听到这个消息，就立刻拔腿奔向宫廷，向世祖告发了叛乱之事，于是参与复位计划的人全部遭到逮捕，并在严刑拷打之下最终悲惨地死去。

其实成三问制订复位计划时，就特别强调必须置申叔舟于死地，因为申叔舟违背了文宗的遗愿，协助世祖将端宗拉下了台并辅佐世祖登上了大位。在端宗复位运动失败之后，曾经受到世宗宠信的成三问、朴彭年、河纬地、李塏、金文起以及柳诚源等集贤殿学士们在一夜之间踏上了黄泉路。只有申叔舟存活了下来，并跻身世祖身边新朝功臣的行列。不仅如此，申叔舟更进一步建议将端宗贬为鲁山君。不久之后，锦城大君再次以端宗复位运动为旗帜发动政变，于是申叔舟上奏建议世祖必须将端宗赐死以绝后患。在那段时间，他曾亲自率领军队出海讨伐倭寇，另外也将女真族驱逐到了边境。因此世祖越来越信赖申叔舟，甚至还说过："唐太宗有魏徵，而我有叔舟。"为了回报世祖对他的厚爱，申叔舟完成了《四朝宝鉴》的编纂，他不仅任职礼曹判书、兵曹判书，最后甚至还爬到了领议政的位置。

申叔舟的号是"保闲斋"，意思是"悠闲地读着书的人"。他非常喜欢研究学问，甚至留下遗言表示，在他与世长辞之后，棺材里只要放入书即可。不过他这个人缺乏气节，作为博览群书的知识分子，却并未具备应有的节义；作为一个屈节辱命的文士，只配过着忍辱偷生的日子。可他的确在外交、军事和学术方面留下了灿烂的实绩，让朝鲜变成了一个更为坚强稳固的国家。所以在提及申叔舟的功绩时，有的人反而会问道："若是他也像成三问一样为了气节而牺牲性命的话，那么他还能够留下如此辉煌的丰功伟业吗？"

但是在世人眼中，真正的学者文人应该要有基本的道义和节操，因此才会将申叔舟的名字拿来为绿豆芽取名。留在历史上的污名是永远无法被消弭的，人们不会因为他有丰功伟绩，就把他的变节求荣行为忘得一干二净。百姓们对他的背叛感到十分不齿。深受世宗和文宗信赖的申叔舟，非但没有参加复位运动，反而选择了能让他出人头地之路。由此后人甚至虚构了一个故事，说他的夫人最后代替他自断性命，可见世人对他是多么失望。而"生六臣"[1]之一的金时习，他的天资更胜申叔舟一筹，却不愿意出仕当世祖的臣子，他脱下官服之后游览全国，活得恣意而潇洒，时不时出现在百姓面前，骂申叔舟是个叛徒。

数百年来，民众每每听到这个故事，都会觉得心中十分痛快。这个故事告诉我们，不管立下了多少丰功伟业，只要做出违背基本道德的事情，再多功绩也无法成为掩盖背信弃义行为的"免死金牌"。

亘古忠臣成三问最后留下的诗文

世祖亲自严刑拷问成三问，问道：

"你们既然臣服我，为何要谋反呢？"

---

[1] "生六臣"是指朝鲜王朝的六位大臣，因为效忠端宗，以"不事二君"为由辞官退隐，永不出仕世祖，包括金时习、成聘寿、元昊、李孟专、赵旅及南孝温。

听到这句话，成三问一脸坚毅地回答道：

"我只是想要重新侍奉昔日的君王，老爷您怎么能说我们谋反呢？我之所以要复位，只是因为天无二日，民无二王。"

世祖怒不可遏地严厉反驳道："你见到朕不称朕为君王，反而称朕为老爷，食君之禄，应忠君之事，岂能背信弃义？"

于是成三问泰然自若地回答道：

"太上王仍在世，老爷又何必非得让我做您的臣子？而且我未曾吃过您的俸禄。"

世祖一听，更加恼怒，因此对他施以酷刑，将烧红的铁棍刺穿他的大腿，直到白骨尽露，并且斩断他的手臂，但是成三问依然面不改色。最后，成三问和他的父亲成胜一起被凌迟处死。成三问的3个弟弟，还有他的4个儿子成孟詹、成孟平、成孟终，以及刚出生的幺儿也全部被杀害，成家就此断子绝孙满门倾覆，妻子次山与女儿孝玉则被贬为官婢。在他死后，世祖派人去查看他的房子，只见世祖所赐的大批禄米原封不动地被放置在内，其他值钱的东西则一件也不剩，房间内的地板上甚至只铺着草席而已。包括成三问在内的"死六臣"在被处决之后，据说连世祖也对他们钦佩不已，感叹道："今世之乱臣，万世之忠臣。"以下是成三问的遗作，表现出了他忠贞的气节。

此身逝去化何物？

化为长松一株，挺立蓬莱山顶。

白雪满乾坤，唯见长松独青青。

这里所说的"白雪"是指变节的叛徒，意思是即便叛徒们在世上横行霸道，他仍然会独自守节不移。最后成三问在被凌迟处死之前，还留下了这样的绝命诗：

> 击鼓催人命
> 回头日欲斜
> 黄泉无一店
> 今夜宿谁家

成三问先生遗墟碑正面：遗墟碑是为了追悼古代先贤，并将他们的足迹流传给后世而建立的纪念碑，上面记载着"死六臣"之一成三问（1418—1456 年）先生的功绩。
资料来源：韩国文化财厅

菜单 1-3　鱼虾酱

因燕山君为母亲复仇之心而创造出来的人类鱼虾酱

老板娘，
今天连个小菜也没有，
至少给我来点鱼虾酱吧。

两班老爷呀，
既然今天特别提到了鱼虾酱，
那么关于鱼虾酱的故事，
您想不想听听看呢？

让人开胃的鱼虾酱，
难道有什么故事，
是跟鱼虾酱相关的吗？

呵呵，这个嘛，
不过听了这个故事，
可能会让您胃口尽失呢！

如果这样还是感到好奇的话，
那么就仔细听我娓娓道来吧。

曾犯下难以想象之恶行的燕山君

鱼虾酱是将鱼贝类的内脏、卵或肉等用盐腌制，在常温下放置一段时间，发酵而成的，是韩国具有代表性的水产发酵食品。在司马迁所著的《史记》中，汉武帝消灭古朝鲜的故事中就有一段关于鱼虾酱的有趣内容。当汉武帝在山东半岛追赶东夷族的时候，闻到了一股浓郁的香味，于是他便派人去打听究竟是什么味道。原来这是一种把鱼肠和盐放入坛子然后埋在土里所制成的食物散发出来的气味，这个食物正是鱼虾酱。陈寿所著的《三国志》有提及韩国初期的国家名称，包括扶余、高句丽、沃沮以及东濊。从前中国称呼韩国的时候，使用的名称就是"东夷族"，由此可知韩国人的祖先在很早以前就已经开始制作鱼虾酱了。

在春秋战国时期解释中国古代物品名称的书《尔雅》当中，针对用海鲜做的鱼虾酱与用肉类做的肉酱，作者分别使用了不同的名称来介绍。亦即用海鲜做成的鱼虾酱叫作"鲝"，用肉类做成的则叫作"醢"。金富轼编纂的《三国史记》记载了神文王八年（688年）迎娶金钦运次女为王妃之际，关于纳币（当男方家定下婚事之后，送聘礼至女方家，女方家受物复书，婚姻乃定之礼仪）的聘礼物品名单，在包括大米在内的 135 车食物当中，也包含了"醢"这个品项，也就是说肉酱亦是聘礼的内容之一。从《朝鲜王朝实录》中可以知道，朝鲜时代王室制作的肉酱是用鹿肉制成的，又名"鹿醢"。

但是令人惊讶的是，朝鲜王朝第 10 代君主燕山君却命人将人肉撕碎，并且拿来腌制成肉酱。在说明这个事件以前，我们必须先了解燕山君的成长背景。燕山君的生母是判奉常寺事尹起畎的女儿，也就是废妃尹氏。一四七三年她被选入成宗的后宫，封为从二品淑仪并且深得成宗宠爱。一四七六年尹氏成为王妃，同年生下了燕山君。不过成宗是朝鲜历代君王中，后宫嫔妃人数最多的一位。除了因病去世的恭惠王后韩氏和燕山君的生母废妃尹氏之外，还有中宗的母亲贞显王后尹氏，以及后宫嫔妃九名。妒忌心异常强烈的废妃尹氏，对于后宫嫔妃众多且沉迷于女色的成宗感到心急如焚。依据野史记载，废妃尹氏因后宫问题和成宗发生口角，在争吵的过程中，尹氏抓伤了成宗的脸并且唤来御医为其治疗，不过《朝鲜王朝实录》中并未记载这段内容。根据成宗亲自向大臣们讲述自己为什么要把王妃赶出去的文章，废妃尹氏所犯下的最严重罪行乃是随身携带着砒霜，有杀害成宗或其他后宫嫔妃之嫌疑。据说废妃尹氏的住所里有一个从不展示给任何人看的小箱子，不过她自己却经常私下查看这个箱子。对此一直感到可疑的成宗，某天趁废妃尹氏在盥洗的时候偷偷把箱子打开来看，里面竟然装着毒药砒霜和两个涂抹着砒霜的柿饼。除此之外，他还找到了一个箱子，里面放着一封用谚文（韩字）写成的书信，信上写着后宫贵人严氏与郑氏意图谋害自己的内容，最后却被查明是她要陷害两位后宫嫔妃的阴谋。另外，她还持有用来驱赶外来恶鬼的"神荼郁垒木"，并且在制作书信时用其敲击发出捶打声。不过这个故事让人感到有趣的是，在富丽堂皇的宫殿，而且还是君王和王妃所住的寝殿里，竟然会有老鼠洞出现。依据实录内容，废妃尹氏为了堵住成宗寝殿里的老鼠洞，将书册上的纸任意剪下并拿来塞在老鼠洞里，后来有人为了修缮老鼠洞而将纸张取出时，才发现这是尹氏用来诅咒他人的巫蛊文书。除此之外，她也未曾和颜悦色地善待过成宗。作为嫔妃，应该晨起送成宗上朝，但是一直到成宗与大臣们结束早朝后返回，她也没有起身。她甚至还向娘家人告状，谎称因成宗赏了她一个耳光，所以她才带着孩子离开宫廷，诸如此类的行径反复发生。

就这样，废妃尹氏的恶行持续不断地出现，不过由于她仍然是嫡王子的生母，因此大臣们提出谏言，建议在宫殿的一侧另盖一座别宫让她居住。但是成宗担心自己死后，尹氏会凭借新王生母的身份专权，所以他接受了仁粹大妃和后宫嫔妃们的进言，决定赐死废妃尹氏，并且留下遗嘱，吩咐永远不可恢复她的名誉。这件事情发生在燕山君四岁的时候，之后燕山君由贞显王后抚养长大，因此他一直以为贞显王后才是他的生母。燕山君在性格上似乎继承了母亲的感性，他心思细腻而敏感，比起政治，反而对文学更感兴趣。但是一直到他17岁的时候，由于对前后因果关系的理解力相当不足，甚至还留下了"文理不通"的记录。燕山君在19岁时登上王位，在他继位第4年之际，以金宗直的学生在编写《成宗实录》时将金宗直的文稿《吊义帝文》收录在内为由，大举肃清金宗直的弟子，其中包括金驲孙在内的士林派等人士，史称"戊午士祸"。《吊义帝文》名义上是凭吊一七零零年前被项羽杀死的楚国义帝，但实际上却是影射世祖杀害端宗并将他扔入江中的事件。

海望书院：这是为了纪念"戊午士祸"与"甲子士祸"时，遭到斩刑的金宗直、金宏弼、郑汝昌、金驲孙以及郑汝谐等人而设立的书院。
资料来源：韩国文化财厅

但是"戊午士祸"只不过是后来燕山君犯下诸多恶行的开端而已。燕山君是朝鲜历史上最为臭名昭著的一代暴君，他所犯下的恶行已经超出了人类的常识与想象力。昌德宫内设有饲养各种动物的内应房，其规模在燕山君继位后急遽扩大，在他继位10年之后，管理内应房的人员从初期的100名增加到近1000名。在原本应该庄严肃静的宫殿之中，传出了各种珍禽异兽的叫声，本来当作祭品而猎捕的野猪满身是血地跑进弘文馆官署，此类事件层出不穷。燕山君喜欢看着马匹交配的场景，然后做出各种淫乱行为，他甚至对从小抚育自己的月山大君夫人，也就是他的大伯母朴氏做出侵占之举，促使朴氏自杀身亡。不仅是净业院的女僧，就连宰相、宗亲以及臣子的夫人们，他也不惜强取豪夺，只为了满足自己的欲望。另外，他为了自身享乐还培训了数千名官妓。为了从全国各地征集美女，他下令设立了"采红使"与"采青使"等官职，甚至以"兴清"来比喻因为美貌出众而被挑选入宫的女子。后来成为燕山君的后宫嫔妃并且握有大权的张绿水就是"兴清"出身。在民间接受妓女训练的女性叫作"运平"，乐工则称为"广熙"，当时"兴清"有 200 人，"运平"有 1000 人，而"广熙"也有 1000 人，由此可见他过着多么奢靡享乐的日子。提供给这些女性的住处称为"护花库"，他的奢侈和放荡已经无法用语言来形容，有时候甚至全国一半以上的田税都用来维持这些妓生[1]的日常开支。后来韩文中有一句话叫作"兴清亡清"，就是从燕山君时期衍生而来的词。该词意指"兴清"是"导致国家灭亡的人"，在今日则衍生为在金钱或物品的使用上挥霍无度，是在形容人无谓地浪费时所使用的词语。燕山君不仅沉迷女色，还命人把景福宫和昌德宫的围墙高筑起来，强制拆除了周围的民宅，因此惹得百姓怨声载道。而本来就厌恶读书的燕山君，更是一举废除了经筵制度。

此外，由于燕山君近乎病态地憎恶父王成宗，所以在举行成宗葬礼期间，他把从前成宗饲养的鹿抓来烤着吃，还用手直接把父王的遗像一把掀开，其后甚至把遗像拿来当作射箭用的靶子。当成宗的忌日

---

[1] 古代朝鲜半岛的艺伎。——编者注

来临之际，他并没有虔敬地举行祭祀，而是跑去猎捕活生生的动物。更甚者，他还在成宗长眠的宣陵举行宴会，命人在此演奏音乐，将陵墓变成了他饮酒享乐的场所。

为替母亲复仇而创造出来的人类鱼虾酱

那么，燕山君到底是为了什么，并把谁做成了鱼虾酱呢？这一切都要从那个被隐藏的事件开始说起。一五零四年，有一天他去探望自己最疼爱的妹妹徽淑翁主时，听徽淑翁主的驸马任崇载的父亲任士洪说起关于他生母废妃尹氏的事情。任士洪趁与燕山君一同饮酒的机会，故意用沉重的语气说他想起了中殿娘娘，借此开启了话题。虽然任士洪曾经处心积虑想让自己两个儿子成为公主的驸马，但是因为过度行使权力，他被司宪府、司谏院以及弘文馆三司的官员弹劾并且遭到了流放。于是怀恨在心的他才会向燕山君进谗当年生母废后尹氏被杀的原因，打算借此机会将三司的官员们一举铲除。

燕山君是在进行王陵工程的时候才初次知道，自己的亲生母亲并不是与成宗一起埋葬在宣陵的贞显王后，而是废妃尹氏。王陵工程进行的时候，不仅要将逝者的功绩和生平记录在上面，而且必须将祖谱与姻亲刻在墓志碑上，留给后世，并使后人作出对君王的最终评价。一直到此时，燕山君才初次知道原来自己的生母另有其人。但是关于废妃尹氏是如何被赐死的，燕山君并不知情。这是因为成宗在生前曾经留下遗嘱，吩咐即使在他死后过了百年，也不可把废妃尹氏的事情告诉世子。但是因为任士洪，在成宗死后不过十年的时间，废妃尹氏的死亡内幕就传到了燕山君的耳朵里。后世小说家朴钟和一九三六年在《每日申报》发表的小说《锦衫上的血》中写到，当燕山君收到废妃尹氏的母亲大夫人保存下来的赐死毒药，并且看到沾染着废妃尹氏吐血痕迹的锦衫（用绸缎做成的女式衬衣）时，燕山君的暴戾和愤怒达到了顶点。

　　在得知实情之后，燕山君立即提起长剑奔向他的奶奶仁粹大妃，奔跑途中一边放声大叫一边追问，随后用长剑往奶奶的头上一敲，于是仁粹大妃便当场晕了过去。将废妃尹氏的恶劣行为向成宗和仁粹大妃告发的后宫贵人严氏和贵人郑氏，被燕山君视为陷害母亲的主谋。她们被扯住头发扔到宫殿的院子里，用棍棒狠狠地打了一顿，几乎被打得只剩下半条命。即便如此他还是无法消气，因此命人把贵人郑氏所生的两个儿子安阳君和凤安君唤来，他们两个是燕山君同父异母的弟弟。燕山君把他们叫来之后，直接揪住安阳君和凤安君的头发，带着二人闯进仁粹大妃的寝宫里，然后一边说着"这是大妃最心爱的孙子献上的酒，请品尝看看"，一边催促安阳君将酒杯递给仁粹大妃。接着燕山君又问道："有没有什么东西要赏赐给你心爱的孙子呢？"大妃在惊吓之余赶紧命人拿来了两匹布。之后，仁粹大妃因眼见孙子遭受虐刑而痛苦不堪，最终病情加重而过世。燕山君在 25 日之内草率地结束了葬礼，对抛弃母亲的老奶奶进行了残忍的报复。

　　之后，燕山君在弟弟们的脖子上戴上枷锁，杖刑 80 下之后，在漆黑的夜里将弟弟们带到贵人郑氏和严氏所在的昌庆宫，当时两人已经因为刑罚而昏迷不醒。被捆绑在昌庆宫庭院里的两位后宫嫔妃，因为天色昏暗而看不清楚来者是谁。燕山君对两个弟弟下达了一道残忍的命令："给我打这两个罪人。"他这么做等于是让孩子亲手打死自己的母亲。凤安君隐约猜测出这是自己的母亲，所以不忍心下手，而安阳君却在不明就里的情况下依照指示将罪犯痛打了一顿。由于凤安君拒绝动手，燕山君便直接命人毫不留情地将两位后宫嫔妃杀害了。接着，燕山君命令内需司[1]将后宫贵人严氏和郑氏的尸体撕碎做成肉酱，并且弃置于山野。不仅如此，他还把当时将尹氏废立的三丞相、六判书以及都承旨全部抓了起来，已经死去的则挖掘他的坟墓，从而剖棺斩尸。光是因为牵扯进"甲子士祸"而丧生的学者就有 292 名之多。这些遭到刑罚的官吏们不仅失去了性命，甚至还被燕山君没收了财产，用来填补其因为挥霍无度而已经见底的国库。

<hr />

成为朝鲜王妃的过程

每当君王到了适婚年龄，国家就会按照《国朝五礼仪》的规范，开始进入挑选王妃的程序。首先，会设立一个主管婚事的临时官厅，这个官厅名为"嘉礼都监"。嘉礼都监开始运作之后，首要之事就是在全国下达禁婚令。禁婚令下来之后，有未婚女子的士大夫家族都必须向朝廷报告，也就是必须提交所谓的"处女单子"。处女单子上面除了记载闺女的生辰八字（四柱）以及居住地之外，还包括了曾

---

[1] 朝鲜时期主管宫廷内需品的官衙。

祖父、祖父、父亲和外祖父的履历，因此一眼就可以了解这位女子的家族来历。从众多处女单子里选出未来王妃的工作，主要是由整个王室辈分最高的大妃来主持。选拔工作从拣选开始，而拣选又分为初拣择、再拣择以及三拣择等三重门槛。不过一般都会事先仔细调查候选名单中女子的身世背景，然后从中选出最适合的女子纳入内定名单，最后才进行形式上的三重拣择。那么在朝鲜时代，培养出最多王妃的名门望族是哪一家呢？稳居首座的便是清州韩氏，该家族总共培养出 5 位王妃。特别是世祖时期的功臣韩明浍，他的两个女儿分别成了睿宗的章顺王后及成宗的恭惠王后，因此他也一直处于朝廷的权力中心。继清州韩氏之后，骊兴闵氏与坡平尹氏也分别培养出 4 位王妃；19 世纪势焰熏天的安东金氏与青松沈氏则是各有 3 位王妃。培养出王妃的家族自此声名远播，成为所有家族羡慕的对象。

《牡丹图》："花中之王"牡丹是君王的象征，牡丹屏风是朝鲜王室在举行宗庙祭礼、王室婚姻嘉礼等主要宫廷仪式和活动时使用的物品之一。
资料来源：韩国文化财厅

皇后翟衣：这是目前唯一保存下来的翟衣，推测是高宗登上王位之后，
他的皇后穿过的礼服。古代王妃或王世子妃所穿的大礼服称为翟衣。
资料来源：韩国文化财厅

菜单 1-4 切糕

百姓献给抛弃子民独自逃亡之君主的年糕

老板娘，
本来要去睡觉了，不过肚子却有点饿，
有没有什么东西可以吃？

哎哟，你的运气还真好！
今天刚好是我女儿生日，
白天做的切糕刚好还有剩。

呵呵，吃得肚子好饱哇。
谢谢你的切糕，
不过为什么会叫作切糕，
请把缘由告诉我吧。

关于切糕，
应该也有趣味十足的故事吧？

正是如此。
来，那么先吃一口切糕，
再来说说关于切糕的故事吧。

今夜月色皎洁明亮，
故事好像也很有意思，
我得好好洗耳恭听了。

从百姓到君王人人都喜爱的糕点——切糕

切糕是一种做法简单、不分男女老少都喜欢吃的美味糕点。制作切糕最多的地区正是杂粮产量最为丰富的黄海道和平安道。京畿道地区的切糕是由纯糯米制成的，黄海道和平安道地区的切糕则是用糯米混合小米与黄米做成的。南部地区的切糕也是混合各种食材来做的。在春天艾蒿发芽时，他们会把艾蒿嫩芽稍微用热水烫过，拧去水分并捣碎，加到糯米里做成切糕，于是充满艾蒿香气的艾蒿切糕就此诞生。红枣切糕也很受欢迎，在捣糯米的时候，把去掉枣核的红枣放进去一起捣碎，一道美味的红枣切糕就完成了。

《华城陵幸图》（1795 年）：图片描绘了正祖亲自出行显隆园，为母亲惠庆宫洪氏举行盛大宴会的场景。
资料来源：韩国国立中央博物馆

在正祖于一七九七年出版的《园幸乙卯整理仪轨》和正祖回顾每日生活所写下的《日省录》中，都可以看到他于一七九五年阴历闰二月九日为他母亲惠庆宫洪氏举行的花甲宴的菜肴记录，当时的宴席餐桌上摆放了各种颜色的切糕。在宴会结束之后，分发给士兵和下人们的食物也正是切糕。只不过当时的用语不是切糕，而是引切饼。为了制作各色切糕而使用了各种食材，包括 20 升糯米、5 升红豆、5 升红枣、5 升石耳、2 串干柿、2 升芝麻、2 升松子以及 1 升蜂蜜。这里的石耳是指黑木耳，干柿则是指柿饼。

提及切糕的另一本书是一八零九年凭虚阁李氏所著的《闺合丛书》。闺合是指女性居住的地方，而《闺合丛书》则是将与闺合有关之事汇整起来所写成的一本书。凭虚阁李氏是世宗第 17 个王子宁海君的后代子孙。这本书里提到，全国最好的切糕是黄海道沿岸生产的切糕。此外，本书还详细介绍了制作切糕的方法。切糕一般只使用糯米来做，先把糯米浸泡在水里，其间须经常换水，四五天之后，将糯米捞起再蒸至松软，最后再将其揉制成年糕。此时把红枣切成细条状并且捣碎，用糕杵打年糕的时候再一起加进去，将红豆炒过后覆盖在年糕上面，待凝固之后，美味的切糕即可完成。

切糕原本是举行宗庙祭礼时呈放在贡桌上的糕点。但依据实学家"星湖"李瀷（1681—1763 年）所著《星湖僿说》的记载，到了朝鲜王朝后期，人们的生活变得越来越奢侈，因此祭祀时将切糕端上桌的事情就逐渐消失了。就连在市街上也是，随着时间流逝，在大街上做切糕生意的人也越来越少了。不过，依据一七八五年（正祖时期）出使清朝的使臣把在清朝的所见所闻向朝廷报告的内容来看，据说清朝使者在前往朝鲜的过程中，每次在驿站换乘驿马的时候，都会吃当地所提供的切糕。使者们对于美味的切糕赞不绝口，离开的时候还在口袋里放了几个切糕带走，没想到之后拿出来一看，切糕都已经坏掉了，他们对此感到沮丧不已。由此可见，切糕是一种在驿站里也能做出来的糕点，它不仅深受国人的喜爱，而且也很符合清朝人的口味。此外，切糕还是一种会勾起人们往昔回忆的糕点。深受正祖喜爱的丁若镛在他凄凉的流放生活中，就是用吟咏诗句的方式来追思他在汉城（今首尔）的生活以及和朋友们一起品尝切糕的回忆的。诗句节选如下：

忆在明礼坊
亲交日相对
每遇晴好天

折简走傔价

溪南速韩李

溪西要尹蔡

妻洪颇晓事

办具常不懈

璀璨罗糍饵

精细推脍[1]

苦吟间清话

流落在一朝

而余最穷隘

李适之乱，让抛弃百姓逃亡的君主填饱肚子的年糕

切糕的原名叫作"引切米"，这个名字背后可是流传着一段有趣的故事呢！这个故事要从"仁祖反正"这场政变开始说起。仁祖一年（1623 年）三月十三日，西人党为了驱逐光海君而发动了"仁祖反正"。李贵、金鎏、李适以及金自点等西人党在洗剑亭洗刀誓师之后，经过彰义门一同涌向昌德宫。他们打算推举宣祖第 5 个儿子定远君的长子绫阳君为王。其实在一六一五年时也发生过一起谋反事件，当时西人党打算推举定远君的二儿子绫昌君为王。计划失败之后，主谋申景禧等人惨遭杀害，而绫昌君也被流放到了江华岛的乔桐。当时人们

蜂拥而至，在绫昌君居住的房间外堆了柴火并打算放火烧屋，绫昌君写了一封要留给父母亲的遗书之后，便以悬梁自尽的方式结束了自己的生命。听到这个消息之后，定远君罹患了郁火病，最终因病而离开人世。绫阳君在父亲的葬礼上痛哭流涕，发誓必定要为这个家族报仇雪恨。实录中记载着绫阳君亲自招揽义兵发起了宫廷政变，因此后世推测在"仁祖反正"的背后，其实绫阳君的私人情感也占据了很大的动机因素。

再次回到"仁祖反正"这个事件，当时为了逮捕光海君，西人党率叛军手持火把冲进了昌德宫，此时火苗迸发，昌德宫的部分宫殿已被烧毁。于是光海君急忙在一名宦官的背负下逃到宫外，但是不久之后就被捕了。绫阳君将反正功臣李贵等人送进西宫（德寿宫），释放了被光海君软禁在西宫的仁穆大妃。当时整个王室辈分最高的人正是仁穆大妃，因此若仁穆大妃不交出玉玺的话，绫阳君这次的政变就会变成一个名不正言不顺的行动。由于仁穆大妃在被幽闭的数年里，过着完全与世隔绝的日子，因此，即使叛军前来营救她，因为没有承旨和史官在场，所以她也听不进任何人的劝说，反而义正词严地拒绝支持绫阳君。虽然叛军试图以光海君犯下"废母杀弟"（戕兄杀弟、幽废嫡母）之罪行来说服她，但仁穆大妃的决心却没有丝毫动摇。于是绫阳君急匆匆地赶来，一边痛哭流涕，一边安抚并劝慰仁穆大妃，恳求她的协助，从而让皇室血统得以延续下去。仁穆大妃回忆起被光海君囚禁的残酷岁月，曾如此描述道：

（吾与光海君）不共戴天之仇，忍之已久。愿亲斫渠父子之头，以祭亡灵。幽囚十余年，至今不死者，盖待今日耳。愿得甘心焉。

——《仁祖实录》第 1 卷，仁祖一年（1623 年），三月十三日第 1 篇记录

经过这一番波折，绫阳君最终登上了王位，即朝鲜第 16 代君主仁祖。仁祖依照仁穆大妃的意思，并没有选择景福宫或昌德宫，而是将西宫也就是现今德寿宫的即祚堂作为他登基为王的场所，这在历任朝鲜君王中乃是首创之举。

在"仁祖反正"发生的第二年（1624 年），曾经是"仁祖反正"功臣的李适发动了叛乱。李适是一位忠厚的武臣，文采出众且善于谋略，还曾因深受光海君信任而被任命为咸镜道兵马节度使，是当时一位杰出人物。为什么李适最后又会发起叛乱呢？这还要从头说起。在"仁祖反正"时曾经担任过总大将的金瑬，原本因为害怕反正的消息会传入光海君的耳朵中，所以举事之际踟蹰不前，尽管他后来还是负起了总指挥的职责，带领 600 至 700 名叛军参与了起义。但在"仁祖反正"成功之后，为反正功臣们进行论功行赏的时候，金瑬、李贵等被封为一等功臣，而李适却只是二等功臣。李适认为自己付出的辛劳并未得到同等的回报，因此内心开始感到不满。虽然之后李适被任命为捕盗大将，并且在都元帅张晚底下担任副元帅，最后还升任了平安道的兵马节度使，但这种想法仍为日后发生之事埋下了伏笔。

李适原本是个做事有始有终且责任心很强的人，他到了平安道之后，收起了委屈之情，专心致志地准备防御外敌，进行扎实的军事训练，过着忙得不可开交的日子。可是后来发生了一件令人意想不到的

事情。仁祖二年一月，有心人士制造了叛乱事件，并诬陷给李适和他的儿子李栴以及韩明琏、郑忠信、奇自献、玄楫、李时言等人。朝廷大臣们认为应该立即将李适等人逮捕，并进行严厉的调查，但仁祖先将李栴逮捕起来并对他进行了审问，结果证实他无罪，因此仁祖也暂时消除了对李适的怀疑。接着仁祖以必须确认调查结果为由，命李适返回汉城，并且派义禁府都事前往李适的驻扎地宁边。得知此事后，原先就对仁祖极为不满的李适更是满腔怒火，一看到来者就立即勃然大怒。

最后在仁祖二年（1624年）一月二十二日，李适杀害了从汉城前来的义禁府都事与宣传官之后，正式起兵叛乱。李适麾下的兵力由11000余名精锐部队及万历朝鲜战争时投降的100名降倭兵所组成。

双树亭侧面：这是位于公州公山城的一座凉亭，是为了纪念仁祖曾在此地避难而建造的。
资料来源：韩国文化财厅

李适率领这批兵力直逼汉城，以破竹之势进军南下。李适的叛军正前往汉城的消息传开之后，仁祖跟当初宣祖在万历朝鲜战争时丢下百姓离开汉城一样，他也抛下了汉城并且仓皇地逃往公州避难。不过也因为这样，当李适率兵进入汉城的时候，仁祖已经逃离此地，所以李适可以说是无血入城。李适驻扎于因万历朝鲜战争而成为废墟的景福宫，拥立兴安君李瑅为王。为了稳定民心，他还张贴榜文告示天下，致力于平息因叛乱而引发的混乱局面。这就是朝鲜历史上首次由叛军占领首都汉城的"李适之乱"。

而仁祖离开汉城之后停留于公州避难，翘首企盼着叛乱军被镇压的那天到来。有时候，仁祖会登上公州最高的山城公山城，眺望着北方，殷切地期盼着再度回到汉城的日子。来到公山城的时候，虽然仁祖感到饥肠辘辘，可是这里却连个像样的食物都没有，御膳桌上更没有什么足以令人动筷的菜色。此时，住在公州的一位富人在笊篱里装满了某种食物，并将其献给了仁祖。一掀开笊篱上盖着的布，就看见装在里面的年糕像是刚做好似的柔嫩而松软，上面还裹了一层豆粉。仁祖拿起一块年糕，一口咬下，年糕的美味让他为之叫绝。仁祖对这个味道赞叹不已，于是向大臣们询问糕点的名字，但是谁也不知道这种糕点到底叫什么，他们只知道这是一位姓任的富人送来的食物。听到这样的回复之后，仁祖抚摸着胡须，沉思了许久，然后决定替这个糕点取名。"绝味"表示这是最为美味的糕点，另外由于是由任姓富人所呈上的食物，因此给它取名为"任绝味"。起初虽然被叫作"任绝味"，但是随着岁月流逝，任字的发音产生了变化，在几度辗转流传之后，现今的名称就变成了"引切米"。后来仁祖终于从公州返回汉城，而这一道曾经填饱他肚子的切糕，不但吃起来方便，味道也十分美味，因此无论是以前还是现在，都是一道经常被拿来取代正餐的人气糕点。

然而李适旋即受到官兵的反击而溃败，一路撤退到昌庆宫并且继续奋力抵抗。在这样混乱的打斗过程中，原先是大王大妃住所和安身之处的昌庆宫变成了一片废墟。最终李适敌不过官兵的进击，在退无可退的情况之下，只好从运送尸体的水口门逃出，从汉城一路逃到了利川。后来李适在逃亡途中遭到部下的暗算，就此命丧黄泉。李适这一生总共侍奉了三位君主（光海君、兴安君、仁祖），他波澜壮阔的一生就此画上了休止符。

虽然"李适之乱"就此平息，但是在兵荒马乱之中，保管《朝鲜王朝实录》的春秋馆史库也就此被大火烧毁了。百姓们更是再一次对叛乱一起就弃民如敝屣的君王感到失望不已。再加上曾经参与李适之乱的余党逃亡到了朝鲜北方的后金，并帮后金人指引通往朝鲜的道路，从而使得朝鲜边境的威胁加重，朝鲜俨然已成为风中的残烛。紧接而来的"丁卯之役"在后金与朝鲜缔结成兄弟之盟的情况下好不容易结束，随后又爆发了"丙子之役"这场大型战争。

51 岁新郎和 19 岁新娘的婚姻所酿成的悲剧

一六零零年时，宣祖的正妃懿仁王后朴氏因在万历朝鲜战争中四处避难，后来病重不治而与世长辞。但是一国之后的位置不能一直空着，于是一六零二年，宣祖在登基第 35 年之际迎娶了继妃，也就是当时年仅 19 岁的仁穆王后金氏。然而宣祖已经 51 岁了，也就是说仁穆王后比自己的丈夫小了 32 岁。由于宣祖和懿仁王后两人并没有留下任何子嗣，因此仁穆王后能否为王室生下嫡子便成了众人瞩目的焦点。若是仁穆王后生下男孩的话，那么由后宫恭嫔金氏所生且现今已册封为世子的光海君，他的世子之位就会面临重大的威胁。

不过令人担忧的事情终究还是发生了。一六零六年，仁穆王后诞下了王子永昌大君。但是宣祖驾崩时，永昌大君只有两岁，因此虽然永昌大君身为嫡子，却难以继承君王之位。而在宣祖辞世的时候，光海君年届 33 岁，已经是足以肩负国政重任的年龄，而且他的能力也很出众。宣祖也对此事心知肚明，因此他在去世之前，已经将遗书封好并且交给了仁穆王后保管。一六零八年二月一日宣祖驾崩之后，遗书的内容才得以公开。

> 朕相信东宫会友爱兄弟，就如同朕在世时一样。无论任何人提出诬蔑或上疏，东宫都不需予以理会。

光海君呜咽抽泣着聆听遗言，并且在仁穆王后和大臣们面前发誓，表示自己必定会遵照遗言去做。不过最终他还是被卷入大北派对政治权力的欲望之中，终究未能遵守当初的誓言。由于光海君犯下废母（仁穆王后）杀弟（永昌大君）的罪行，因此才引发了"仁祖反正"这场政变。

菜单 1-5　烤鲍鱼

究竟是谁在仁祖的烤鲍鱼里下了毒药呢?

老板娘，那个不是鲍鱼的壳吗？

你的眼睛还真是雪亮啊。
那是我嫁到济州岛的女儿，
回家探亲时带回来的伴手礼。

鲍鱼是用生吃的方式吃掉了吗？

女儿说这个是高级食材，
所以做了烤鲍鱼给我吃，
早已经吃下肚啦。

原来是烤鲍鱼。
其实因为这道烤鲍鱼，
曾经发生过有人含冤而死的事呢。

这是真的吗？
真的因为这美味绝伦的鲍鱼
而有人丧命吗？

老板娘你好像一脸不可置信的表情，
我就把这个和烤鲍鱼有关的
悲惨故事告诉你吧。

端上君王御膳桌的珍贵食物烤鲍鱼

自古以来鲍鱼都是一种稀有的贝类。这不仅是因为鲍鱼有着散发出七彩光泽的外壳，而且还因为吃鲍鱼的时候，有时会发现里面藏有珍珠。海女潜入深海之中捕捞的天然鲍鱼，只有身份尊贵的人才能够吃得到。相传结束春秋战国时代并统一天下的秦始皇，除了追求长生不死之外，他最喜欢吃的食物也是鲍鱼。正因为鲍鱼如此罕见，所以在寻常百姓家里，为了让一家老小都能品尝到鲍鱼的滋味，就会将鲍鱼煮成鲍鱼粥。但是作为宫廷食物，必须得做出更能展现品位的菜肴，因此烤鲍鱼就此诞生。虽然烤鲍鱼的制作方法并不困难，但是由于食材相当不易取得，因此在朝鲜时代才会被当作呈到君王御膳桌上的代表性食物。做这道烤鲍鱼时，首先必须将鲍鱼从它的外壳上剥除下来，然后沿着鲍鱼的纹理漂亮地切开，接着再放回外壳里摆好。把调好的酱料均匀地涂抹在鲍鱼切片的缝隙之间，最后再放在铁网上烤熟。这个时候会用面团之类的东西塞住鲍鱼外壳上的孔洞。

不过曾经有一位女性，因为在君王御膳桌上的烤鲍鱼中下了毒，所以被判以悖逆之罪并被处以死刑。这位女子正是仁祖的长媳，也就是昭显世子的世子嫔愍怀嫔姜氏。愍怀嫔姜氏（1611—1646 年）因叛国罪而被废除了所有封号，所以人们一度只以"被废黜的姜氏"或"逆姜"（逆贼姜氏）来称呼她。后来世子嫔姜氏一直到肃宗时期才得以平反，正式复位为"愍怀嫔姜氏"。若是将其复位后的称号进一步解释的话，有"令人怀着怜悯之心的嫔妃"之意。因为含冤而死的她让百姓心生怜悯，所以她才会得到这样的封号。愍怀嫔姜氏究竟是如何走过她的人生，最后是否含冤而死呢？现在开始，让我们一起来探究她的人生历程吧。

明智地度过人质生活的世子嫔，以及因她而感到威胁的仁祖

愍怀嫔姜氏是仁祖时期右议政姜硕期的二女儿，16 岁时成为昭显世子的世子嫔。一六二七年，她与昭显世子举行婚礼，而这年后金发动"丁卯之役"入侵朝鲜，并且要求双方订立兄弟国盟约。朝鲜最终无法阻止后金[1]，只能被迫承认后金为兄国，而朝鲜为弟国，从而陷入了悲惨的处境。在这样的时期，王室因为迎来了新的成员而露出了难得的笑容。世子嫔姜氏虽然只是女流之辈，但是却罕见地读过《小学》，并且聪颖过人，在辅佐昭显世子上也是称职的贤内助。婚后第二年，也就是一六二九年，世子嫔姜氏生下了嫡长孙，后来又先后生下了三男五女，为王孙尊贵的朝鲜王室带来了无限喜悦。

但是，在嫡孙李桧（幼名石坚）出生的一六三六年十二月，清朝要求两国建立君臣关系，并且发动 12 万兵力大举进攻朝鲜。世子嫔姜氏抱着出生才几个月的嫡孙，连同她的小叔凤林大君、临海君以及其他王室成员一起到江华岛避难，不过最后还是全员落入了清朝官兵的手里。在这段时间，仁祖和昭显世子一起进入了南汉山城，但由于军粮不足，仅仅支撑了 45 天便出城投降了。仁祖在三田渡向清朝皇

[1] 后金（1616—1636 年）是出身建州女真的努尔哈赤在东北地区建立的汗国，为清朝的前身。皇太极于一六三六年称帝后改国号为"大清"，并迁都至沈阳（后更名为"盛京"）。

太极行三跪九叩之

"三田渡碑"全貌:一六三六年,清太宗入侵朝鲜。当时在南汉山城抗战的仁祖被迫在三田渡地区向清朝投降,并且签订了议和协定。清太宗要求朝鲜建立一座功德碑,以颂扬自身功绩,这块石碑又被称为"三田渡碑"。
资料来源:韩国文化财厅

礼,受尽了屈辱,最后还与清朝签订了投降条约。最终在一六三七年二月,依据投降时与清朝签订的《丁丑和约》内容,朝鲜昭显世子必须以人质身份前往当时清朝的首都盛京,世子嫔姜氏一同跟随。继昭显世子和世子嫔姜氏之后,相当于朝鲜第二位继任者的凤林大君和三公六卿(三政丞与六曹判书)的子弟们,以及主战论的金尚宪、尹集、吴达济、洪翼汉与20余万名百姓等全部都被带到了遥远的异国他乡，开始了长达8年在异国他乡当人质的日子。昭显世子与世子嫔姜氏等人的生活情况，可以通过侍讲院臣子呈送到朝鲜的报告书《沈阳状启》详加了解。世子一行人在前往沈阳的路上也遭到了刁难。清朝妇女不坐轿子而是习惯骑马，他们要求世子嫔也必须一路骑马到沈阳馆。虽然大家都很替她担心，但是世子嫔姜氏却以从容不迫的姿态骑上马，堂堂正正地向女真族展现了身为朝鲜嫔妃的自尊心。和大多数朝鲜妇女一样，世子嫔姜氏也从来没有骑过马，但是她仍然表现得临危不乱。最后这一行人总算走到了沈阳馆，却只见两栋尚未完工的建筑物孤零零地耸立在那里。而这里贫瘠的土地和寒冷的气候，也让世子变得体弱多病，因此经常让世子嫔和侍从们感到焦躁不安。但是世子不仅极具勇气，而且聪慧睿智，他懂得如何对清朝皇帝和高官们投其所好。因为他知道一旦失去清朝的信任，朝鲜便会面临巨大的危机，所以昭显世子为了维持和谐关系，竭尽全力地处理各项事务，如同走钢索般步步为营。他成功地安抚了包括他塔喇·英俄尔岱（朝鲜人称其为"龙骨大"）在内的将军和其他官员，即使面对他们气势十足发号施令的样子，昭显世子仍旧可以安然无恙地继续过着他的人质生活。

另外，由于沈阳馆同时扮演着战败国的领事馆角色，因此要解决的事务可谓堆积如山。例如，世子必须处理在丙子之役时，因为主张抗战到底，作为主战派而遭到逮捕的金尚宪与三学士等人面临的被处决的威胁事件（三学士虽然遭受严刑拷打，却始终没有接受清朝的怀柔政策，最终被处决）。他还要为那些因从清朝逃亡未果而遭到刖刑（砍掉脚的酷刑）的人进行治疗。另外，作为战争失败的代价，并为了使这些人质能够早日被释放，朝鲜每年都需要向清朝支付巨额的赔偿金并缴纳贡品，若是朝鲜进贡的物品迟迟未到，那么沈阳馆就必须代为准备与缴纳。而当时朝鲜的经济状况极度恶劣，因此很难在短时间内拿出清朝要求的赔偿金和各种贡品。而且清朝的要求远远超乎常人的想象，例如要求缴纳 30000 个西红柿或 6000 个水梨等。此时，卷起袖子站出来的人正是世子嫔姜氏。她将原先在朝鲜已经开发的农业方法应用在沈阳馆附近的屯田当中，订立了农作物的收成计划。为了获得耕作所需的劳动力，她说服世子将沈阳馆现有的资金全数用来支付赔偿金，赎回原先因为欠下巨款而失去自由的朝鲜人质，并且将这些人力投入屯田耕作，其成果令人十分吃惊。沈阳馆收获的农作物高达数十万升，不但使一向缺乏粮食的状况变得自给自足，而且还从遥远的蒙古地区购买牛只，然后以高价售出赚取利润。另外，沈阳馆也把清朝人感兴趣的朝鲜水果贩卖给他们，这些生意往来让这里变得充满生气。依据沈阳馆于仁祖二十一年（1644 年）十二月十四日在《沈阳状启》中呈报给朝鲜朝廷的报告，6 处屯田当中有 939 个耕作面积[1]，播种数量为 23347 升，生产的粮食有 502429 升，收成的棉花量为 620 斤。如今已经与世子夫妇初次抵达沈阳馆时所面临的情况完全不同，这是用血汗换来的丰硕成果。在粮食如此不足的地方，世子嫔却凭借着见识卓绝的经济政策，生产出超过 50 万升的庄稼。可是仁祖却对她的做法不以为意。

---

[1]　一头牛一天的耕作面积。依据地区不同而有差异，一般约为 6610 平方米。

……世子在沈阳时，作室涂以丹艧，又募东人之被停者，屯田积粟，贸换异物，馆门如市，上闻之不平。

——《仁祖》，仁祖二十三年（1645 年），六月二十七日第 1 篇记录

仁祖自己无法将丰厚的物质资源送到沈阳，却又担心世子通过这样的经济行为与清朝越走越近，于是便产生了不安的情绪。清太宗亲自为必须返回朝鲜的世子举办钱谷别宴，席上好话不断，并且要替他穿上唯有君王才能穿的大红蟒龙衣。虽然世子以不可越礼穿上君王之服为由，恳切地婉拒了太宗的好意，但消息传开之后，仁祖心中的不安感日益加重。对于这个自己先前曾经不吝激励，期望她成为出色外交家，如今又将世子从经济危机中解救出来的儿媳妇世子嫔姜氏，他的心里逐渐产生了怨怼之情。仁祖对世子嫔的憎恨与日俱增，最终对她做了一件在人伦上绝对禁止的事情，究竟他做了什么呢？

仁祖二十一年，世子嫔姜氏的父亲中枢府事姜硕期离开了人世。由于世子嫔在遥远的沈阳馆，因此无法参加他的丧礼。朝鲜持续请求清朝允许世子嫔暂时回国，最后清朝决定，若是让世子夫妇回国奔丧的话，那么就必须让麟坪大君的夫人、嫡长孙及其弟弟（世子嫔的大儿子和二儿子）作为替代的人质，如此一来他们才能够同意世子夫妇回国之事。世子嫔一想到目前才年仅六岁，将来可能会登基为王的王子连同更为年幼的弟弟将要一起成为人质，在焦急惋惜的心情之下，一时间忍不住泪如雨下。自从仁祖十五年（1637 年）成为人质而离开之后，她已经好几年没有见过自己的儿子们了，这次因为交换人质

的任务，才好不容易可以在路上见他们一面。虽然见到了思念不已的儿子们，但是由于马上又要再次分离，世子嫔紧紧抱住他们泪流不止，彻夜无法成眠。第二天早上，在严寒的天气里，世子嫔再度与两位年幼的儿子分开，独自返回朝鲜。她的心中只有一个念头，就是要好好地送离世的父亲最后一程，尽到自己身为女儿应尽的礼节。世子嫔姜氏好不容易才回到朝鲜，但是仁祖却不允许她返家奔丧，就连领议政沈悦都出面代为恳求，仁祖依然拒不同意。一直到她在朝鲜的滞留期结束，仁祖紧闭的心房都始终无法开启。虽然世子嫔姜氏声泪俱下，却终究无法走到近在咫尺的父亲墓地，也无法回到卧病在床的母亲身边探视，最后只能徒留遗憾，再度踏上返回清朝的路途。从这个时候开始，仁祖和世子嫔姜氏便走上了一条无法挽回的道路。仁祖甚至在回到沈阳馆的世子身边，安插了一位自己的亲信宦官金彦谦，要求他报告世子夫妇的一举一动，以便随时掌握他们的动静。通过金彦谦的报告，仁祖得知世子嫔与清朝关系亲密，并且为了使世子登上王位而努力不懈，还听说她定做了只有王妃才可以穿着的红锦翟衣，并且让侍从称呼她为"内殿（中宫）娘娘"。因此，仁祖对世子嫔的所作所为感到怒气冲天。但是实情并非如此，那件翟服只是世子嫔在女人爱美之心的驱使之下，以试穿的心态去定做的。另外，称号也只是个误会，起因于侍从们之间私下称呼世子为"东殿"，称呼世子嫔为"嫔殿"。

世子嫔真的在仁祖的烤鲍鱼中下了毒药吗？

在这样的局面之下，发生了一件对某人而言是喜讯，但是对另一人来说却令人不安的消息。仁祖二十二年（1644年）顺治帝登基，昭显世子与世子嫔一行人终于正式结束了长达8年的人质生活，并且于仁祖二十三年（1645年）返回朝鲜。在归国之前，昭显世子曾经到北京参访，并且与传教士汤若望见面聊天，他从汤若望那里收到了作为礼物的望远镜、自鸣钟等珍奇西方物品与有关天主教的书。另外，在汤若望的安排之下，他也带了一批身为天主教教徒的宦官和宫女一同回国。世子嫔也购买了很多当时在朝鲜被认为非常珍贵的物品，其中包括中国的丝绸等，可以说是满载而归。类似这样的事情，宦官也都尽责地一一呈报给仁祖。经过三田渡的屈辱事件之后，仁祖对清朝恨之入骨，因此也连带厌恶起与清朝关系亲近的世子，以及打算辅助世子登基为王的世子嫔。再加上他看到世子一回到汉城，大街上欢迎的人潮就挤得水泄不通，可谓盛况空前，因此仁祖变得更加不安。于是在嫉妒心的作祟之下，仁祖把原本打算前来向昭显世子行礼的大臣们全部拦在了大门外。

在这样的情况之下，归国两个月之后的仁祖二十三年（1645年）四月二十六日，昭显世子突然卧病在床，没有过多久便撒手人寰了。世子在去世的前6天就已经因为恶寒和高烧而受尽折磨，在他咽气的当天，御医还让他喝了对恶寒有特殊疗效的小柴胡汤，并让他接受了针灸治疗，可是却已经无力回天。在施行针灸疗法时，仁祖命令所有的御医全都到世子的宫廷外面待命，宫里只留下了两名负责扎针的针医而已。究竟当时做了什么样的针灸呢？与此相关的实录留下了令人毛骨悚然的内容。

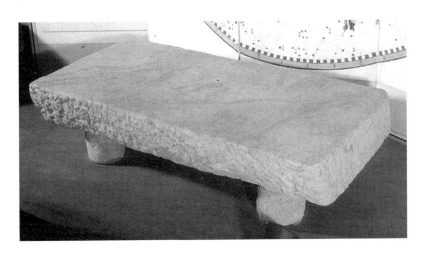

新法地平日晷：仁祖十四年（1636 年），李天经依照《时宪历》所制作的日晷。由于制作的标准纬度与北京的纬度一致，因此被看作仁祖二十三年由昭显世子一行人从清朝带回来的物品之一。
资料来源：韩国文化财厅

　　世子东还未几，得疾数日而薨，举体尽黑，七窍皆出鲜血，以玄幎覆其半面，傍人不能辨，其色有类中毒之人。
　　——《仁祖实录》，仁祖二十三年（1645 年），六月二十七日第 1 篇记录

　　另外，针对当时施行针灸的医员李馨益，司宪府与司谏院强烈主张必须予以惩罚，但是仁祖却对此事置之不理。和年幼的孩子们一起被留在这个世上的世子嫔，由于昭显世子的死因不明而悲愤得捶胸顿

足。但是她知道自己只有坚强起来并且照顾好嫡孙，才能够实现昭显世子心中未完成的梦想。可是，后来她连这个心愿也在一夕之间全然破灭，因为仁祖并未册立昭显世子的儿子为世子，反而让身为次子的凤林大君取代了世子的位置。几乎所有的大臣都以史无前例为由，请求仁祖收回成命，但是仁祖却仍旧坚持自己的想法，一意孤行。在这样的情况之下，由于世子嫔的哥哥姜文明等人，抱怨昭显世子的墓地与葬礼日期会对嫡长孙造成不良的影响，因此仁祖便以此为由，下令将昭显世子的妻舅们严刑拷打致死或是流放远地。之后，世子嫔来到仁祖所在的大殿旁，放声哭喊以宣泄不满的情绪，最后甚至连原先晨昏定省的请安仪式都中断了。事态越演越烈，素来与世子嫔关系不佳的赵昭容谎称世子嫔连日诅咒仁祖，如此一来，不仅是世子嫔的宫女，就连照顾嫡长孙的宫女也全部惨遭入狱问罪。虽然他们想以严刑逼供的方式，让宫女们说出幕后指使者就是世子嫔，以屈打成招的方式得到假的供词，但是宫女们却宁死也不肯屈服，世子嫔听到这个消息后，几乎被逼到了快要发疯的地步。尽管如此，仁祖心中却仍然无法放下对世子嫔的仇恨之心。

到了最后，终于发生了一个将世子嫔姜氏逼上绝路的决定性事件。仁祖二十四年（1646 年）一月三日，上呈到仁祖御膳桌上的烤鲍鱼中被发现有毒。仁祖将侍奉世子嫔的 5 名嫔宫内人与 3 名御厨（制作君王御膳的厨师）内人都抓了起来，并且施以严刑拷打，逼他们说出这件事情是世子嫔指使的。但即使遭受各种刑罚的折磨，却没有一个人开口说出虚假的供词。尽管如此，仁祖还是将世子嫔姜氏囚禁在后苑的别堂里，然后在别堂的门上挖了个洞，把要给世子嫔的食物和水放入这个洞里，对她采取了非常不人道的处置方式。直到成为世子的凤林大君提出强烈的反对，仁祖才让一位侍女进入里面照顾世子嫔。其实这一切都是赵昭容向仁祖进谗言所导致的后果。自从仁祖宣布跟姜氏偶语者有罪之后，仁祖所在的大殿与世子嫔姜氏居住的嫔妃宫殿之间已经没有任何往来，所以，她要在烤鲍鱼中下毒是不可能的事情。即便如此，仁祖还是打算将世子嫔流放到外地，实录中也记载了这件事情。仁祖以下毒之事为借口，最终下令赐毒药给世子嫔。但是，仁祖残忍的举动并没有就此止步。他把昭显世子的3个幼子李石铁、李石麟以及李石坚流放至济州岛，全然没有顾念他们是自己血浓于水的亲孙子，也没有考虑他们已经是无父无母的孤儿了。此时石铁12岁，石麟8岁，最小的石坚也不过才4岁而已。他甚至还担心被流放到济州岛的士大夫会照顾孩子们，为日后的谋反做准备，因此还把他们分别送到了不同的岛屿。这3个失去父母的孩子当中，由于"龙骨大"曾经提议要把石铁带回清朝抚养，因此仁祖对石铁特别有戒心，他十分害怕自己的王位会被这个孙子抢走，从而才会把孩子们流放到济州岛。

一六四八年，流放到济州岛后仅一年的时间，石铁就因病去世了。接着石麟也同样因为疾病而死亡，孤孤单单被留在这个世界上的石坚，一直到后来仁祖过世，孝宗继位时才得以终止被流放的日子。石铁过世的时候，仁祖装出一副悲伤的模样，特意将他的棺木放置在昭显世子墓地的旁边，并为他举行了丧礼。负责记载实录的史官们，针对此事写出的史论如下：

　　史臣曰："石铁虽逆姜（逆贼姜氏）之子，而独非上之孙乎？以祖孙至亲，而投藐尔幼稚于瘴海中，竟致之死，虽归骨于父墓之侧，亦何益哉？可哀也已。"

　　——《仁祖实录》，仁祖二十六年（1648 年），九月十八日第 1 篇记录

　　承受莫大冤屈而死的世子嫔姜氏，在事隔 72 年之后的一七一八年，才由肃宗召集二品以上的大臣为她申冤平反。依据商议的结果，全员认为世子嫔姜氏是含冤受屈而死，因此决定替她正式复位。正如前文所提及的内容，因含冤而死的她令百姓们心生怜悯，所以才为她取了"愍怀嫔"这样的谥号。

～～～

仁祖在丙子之役时因清朝而承受的屈辱

　　仁祖之所以与属于进步主义者的昭显世子产生不和，是因为仁祖曾经在三田渡遭受过清朝的侮辱与蔑视。丙子之役时，南汉山城的士兵们连日挨饿，仁祖一天也仅靠一碗粥支撑，抗战在这种情况下坚持进行着。后来，仁祖十四年一月二十二日江华岛沦陷，当仁祖听到王室成员成为俘虏的消息之后，便派遣主和派的崔鸣吉主动投降。清朝起初要求仁祖"饭哈"，所谓"饭哈"是指用绳子将投降君王的双手捆起来，然后使其像过世的人一样在嘴里叼一颗珠子，并且在身上背负殡棺，采取这种仪式向对方投降。熟谙外交手段的崔鸣吉向对方苦

苦哀求之后，条件虽然稍有缓和，不过依然是一种难以言喻的耻辱。因为清朝要求所有投降的人员不得骑马，而是以步行的方式前来，君王更不得身穿衮龙袍，而是必须穿着下级官员的青衣。

仁祖十四年一月三十日，哀戚的痛哭声回绕在整个南汉山城之间，仁祖走了很长的一段路，身上穿着臣子的青色戎服走进了三田渡。接着在他准备行三跪九叩之礼时，清朝的人开始大声呐喊，仁祖深深地低下头，朝着地上磕了三个响头，因为声音必须大到让清太宗听见才行。每次当仁祖将头用力磕在地上时，额头上就会流下鲜血，于是他的脸变成了血迹斑斑的样子。投降仪式全部结束之后，清廷却不让仁祖离开，而是让仁祖继续站在田地中央，此时他如坐针毡，处境十分凄凉。一直到夕阳西下，清朝的人才允许他离开。在受到如此悲惨的"三田渡之屈辱"后，仁祖对清朝怀有的羞耻和愤怒之情一直盘踞心头挥之不去。

菜单 1-6　酱油螃蟹

吃完酱油螃蟹之后离开人世的君主景宗

欢迎光临。
正好大受客人欢迎的菜色,
已经腌制好了。

呵呵,老板娘如此厚爱我,
那么我今天就没有白跑一趟了。
究竟准备了什么菜色呢?

正是酱油螃蟹。
有"偷饭贼"之称的酱油螃蟹,
让人垂涎三尺的佳肴,
已经准备好了。

说到酱油螃蟹,
其实我这个人呢,
对酱油螃蟹是敬谢不敏的。

什么!
怎么会呢? 其中有什么理由吗?
明明是这么美味的东西。

当然有啦,
且听我细细道来。

将美味的螃蟹长期保存的秘诀——酱油螃蟹

酱油螃蟹被称为偷饭贼，因为人们一旦开始品尝，不需要别的小菜，只要有酱油螃蟹，三两下就可以把白饭全部吃下肚。有关酱油螃蟹的历史可以追溯到很久以前。韩国三面环海，特别是西部海域的花蟹捕获量特别多，为了可以将带有满满蟹卵的新鲜花蟹长时间保存下来，人们开始使用特别的秘方，将其制作成了酱油螃蟹。另外，人们也会使用从蟾津江或锦江等河流中捕获的新鲜河蟹来制作酱油螃蟹。在还没有冰箱的时代，祖先们就创造出了酱油螃蟹这样的发酵食品，如此一来，就可以把秋天捕获的螃蟹保存到冬天再食用。这可以说是一种累积了先人智慧的烹饪诀窍。捕捞河蟹的季节是在秋天，而西海花蟹最美味的月份则是在五月。每年到了五月，花蟹不仅变得肉质饱满鲜甜，还带有满满的蟹卵，因此，五月是最适合腌制酱油螃蟹的时候。另外，在河里捕到的淡水蟹叫作"陆蟹"，陆蟹收获量最多的季节是在夏季。只要走入溪流中，轻轻地把岩石掀开，就可以抓住藏在下面的螃蟹了。不过由于近来河川大多遭到污染，因此使用陆蟹来腌制酱油螃蟹的地方已经不多了。

腌制酱油螃蟹的方法并不困难。民间在制作酱汁的时候，一般会在酱油中加入大蒜、洋葱以及生姜一起熬煮，不过，若是想要让酱汁味道变得更好的话，还可以再加入香菇、鳀鱼高汤或清酒等食材。待酱汁熬煮完毕之后放至冷却，先在坛子等容器中放入处理过的花蟹，再把酱汁倒入，直到花蟹完全浸泡在酱汁中即可。先腌制一天左右，然后把酱汁倒出来，将其再次煮至沸腾，冷却之后再重新倒入容器里。这样的步骤反复进行三次，螃蟹就会开始发酵，放置三四天之后即可取出食用。

论山市明斋古宅：这是坡平尹氏中的"明斋"尹拯（1629—1714 年）所建造的房屋，目前尹氏宗妇居住于此。
资料来源：韩国文化财厅

朝鲜时代培养王妃最多的坡平尹氏家族，从很久以前开始，在宗家饮食当中就已经出现了腌制酱油螃蟹的记录。尤其是论山的坡平尹氏宗家，他们使用论山锦江支流鲁城川里捕获的河蟹，腌制成的著名鲁城酱油螃蟹，更是被拿来当作呈献给君王的贡品。由于是要进贡给君王的食品，因此使用了不同于民间的特殊做法来腌制。令人惊讶的是，他们会把一般百姓很难吃得到的牛肉喂给杂食性的螃蟹吃，如此一来就可以做出充满肉汁的酱油螃蟹。制作方法如下所述："先将喂食过生牛肉碎末的螃蟹处理好，再放入装有高汤的罐子里，腌制一天左右。高汤中除了加入大蒜、生姜以及葱之外，还要加入栗子和芝麻油，再调制一下，让螃蟹由内而外都要均匀地浸泡在精心制作的高汤里。"腌制酱油螃蟹的时间主要是在收割稻米的秋天，这是因为从290多年前就开始在坡平尹氏家制作的"校东传瓮酱油"，此时的味道最为醇美。"校东传瓮酱油"名称中的"校东"是指鲁城坡平尹氏的宗家位于鲁城乡校东侧，而"传瓮"则是表示酱油是用宗家流传下来的瓮缸盛装酿造而成。再次回到制作过程，将高汤倒入放置两到三天，之后的做法和民间的差不多，把酱油汤汁取出之后，再煮至沸腾并放至冷却，此一过程须重复两三次。除了给螃蟹喂食牛肉之外，从记录上还可以看出，他们曾经腌制出别出心裁的特殊酱油螃蟹。在凭虚阁李氏所著的《闺合丛书》中记载着，若是在腌制螃蟹的过程中，将生鸡肉与螃蟹一起放置两至三天，那么螃蟹就会吸收鸡肉的肉汁，从而尝起来更加鲜美多汁。另外里面也提到，若是在鸡肉不易购得的时候，可以改用豆腐替代。

肃宗、景宗与英祖，以及老论和少论的分裂

历史上，与美味酱油螃蟹有关的可怕故事也同样流传于世。正祖十年（1786年）十一月十一日的《承政院日记》当中曾经记载着这样的事例：罗州有位叫作姜铁柱的儒生，在他过世之后，他的妻子金氏为了追随丈夫的脚步而决意上吊自杀，但是被家人救下，随后在举办丧礼的那天她再度试图自尽，不过仍旧失败了。后来，举行两周年祭礼时，她在吃了蟹酱、蜂蜜和河豚卵之后，恳求她的婆婆将她移到

丈夫去世的房间里，最后在那里结束了自己的性命。由此可以得知，酱油螃蟹虽然是一道很美味的菜肴，但是如果和属性相克的食物一起吃，就很有可能会危害生命。酱油螃蟹在朝鲜时代被称为"蟹酱"，朝鲜第20代君王景宗在吃了蟹酱之后，因为腹痛和腹泻而离开了人世。把蟹酱呈给他的不是别人，正是身为王位继承人的世弟，也就是景宗同父异母的弟弟延礽君。景宗在吃了蟹酱5天之后去世，接着延礽君继承王位，成为朝鲜第21代君王。而他正是朝鲜历史上在位最久的君主英祖。

可是，王位一般理应由君王的儿子来接任，延礽君怎么会在景宗登上王位不到一年的时间内，就被册封为世弟呢？想要了解这一点，就必须先清楚知道南人党与西人党之间的明争暗斗，还有因为朋党斗争所导致的西人党再次分裂为老论派与少论派这件事。景宗和延礽君的父亲肃宗在位期间，曾经突然之间进行过3次政局转换，此类事被称为"换局"。第一次换局又名为"庚申大黜陟"。一六八零年，南人党领袖许积因为祖父许潜被授予谥号，所以替他举行了延谥宴。在宴席上，他在未经君王许可的情况下就使用了王室专用的油幄，于是此事便成为初次换局的契机。油幄是指"涂了油的帐幕，主要是为了在防雨时使用"。那天正好下着大雨，肃宗怀着对臣子的思念之情，命人将仓库里的油幄送到许积家里，但是，许积却早已命人搬走油幄并安置在他的家中了。肃宗认为许积这个举动相当傲慢无礼，因此，他将掌握军权的负责人从南人党的柳赫然换成了西人党的金万基，另外，就连摠戎使与守御使也都换成了西人党的人。俗话说"屋漏偏逢连夜雨"，许积的庶子许坚此时又与麟坪大君的3个儿子福昌君、福善君以及福平君等共同策划造反，最后遭到他人告发而失败。因此，包括许积在内的南人党主要人物全部都被赶出了朝廷中央势力范围，不是遭到赐死，就是被流放到外地。不过，南人党并未就此一蹶不振，经过10余年的潜心准备，后来与宫女张玉贞携手同心，共同创造了一个逆转的局面。这就是发生于一六八九年的"己巳换局"，其内幕详述如下。

　　肃宗总共有4名王妃，其中3人早他一步离开人世。第一位王妃仁敬王后因为罹患了天花而在20岁的时候过世。第二位王妃仁显王后未能得到肃宗的宠爱，曾经被下旨贬为庶人，其后又正式复位，经历了这些过程，她最后因病去世。第三位王妃则是以"张禧嫔"称号闻名于世的张玉贞，她在波澜起伏的人生最后，被赐毒药结束了生命。最后一位迎来的王妃是仁元王后。在仁敬王后去世的时候，是张玉贞抚慰了肃宗空虚的心灵，但是肃宗的母亲王后金氏（显宗的王妃明圣王后金氏）对出身于译官中人家族的张玉贞十分鄙视，认为她的品性不佳，将其赶出了王宫，并且让西人党派人士闵维重的女儿闵氏成了肃宗的继妃（即仁显王后）。仁显王后成为继妃之后，由于本性善良，她明白肃宗思念张玉贞的心情，因此说服肃宗将张玉贞重新接回了宫中。但是她这么做，无疑是火上浇油，因为张玉贞回宫后重获肃宗的宠爱，反而使肃宗开始疏远仁显王后。对此感到不安的西人党与仁显王后打算再次从西人党家族中选出新的后宫嫔妃，试图挽回肃宗那颗被张玉贞夺走的心，可是却一点用处也没有。肃宗对张玉贞的宠爱与日俱增，张玉贞终于在一六八八年生下了王子，而这位王子正是日后成为朝鲜第20代君王的景宗。

宋时烈肖像："尤庵"宋时烈（1607—1689 年）是朝鲜后期的朱子理学大师，同时也是老论派的首任党首。
资料来源：韩国文化财厅

　　一直以来肃宗都因为迟迟未生下王子而感到忧心忡忡，如今终于有了期盼已久的子嗣，他在高兴之余打算立刻册封他为世子。但是老论派一听到这个消息，就立刻上疏表示反对。在此期间，西人党的党首宋时烈与他的弟子尹拯之间也因为老论派和少论派的立场不同而产生分歧。肃宗因为老论派的反对而大发雷霆，下令捉拿宋时烈并将其治罪，但由西人党人马组成的司宪府和司谏院官吏们却未见任何行动。肃宗在震怒之下将朝廷大臣全部换成了南人党的人，即使如此他还是未能消除愤怒，又下令将正前往流放地的宋时烈赐死于途中。肃宗将反对者进行处决之后，把生下嫡子的张玉贞从昭仪升格为禧嫔，从这个时候开始，张玉贞便以"张禧嫔"的称号闻名天下。后来，肃宗还将引领西人党的闵维重之女仁显王后驱逐出宫。四月二十三日是仁显王后的生辰，一般在王妃生辰的时候，大臣们都会站成一列呈上祝贺之意，这是朝鲜的传统礼节之一。而肃宗却试图阻止大臣们向仁显王后恭贺生辰的行为，但西人党和南人党置之不理，仍然向王后道贺，之后，仁显王后的宫女们便被抓走并遭受了严酷的拷问。后来，肃宗更是以善妒无子等罪名废去了仁显王后"王妃"的名衔。

　　仁显王后被逐出王宫之后，同年册立张禧嫔为王妃，不料登上王妃宝座的张玉贞，她的幸福也只维持了短暂的6年。随着岁月流逝，肃宗对于赶走仁显王后一事开始感到后悔。无论从什么角度来看，王妃张氏都缺乏美德与慈悲之心，而且善于嫉妒，与仁显王后的高尚品行两相对照，未免相形见绌。在这期间，肃宗曾经对身为水赐伊[1]的崔氏宫女一见钟情，有一次崔氏偷偷在宫中准备泉水为废妃祈福，其过程中，她偶然地被肃宗遇见并进而受到了宠爱。此后，肃宗便经常光顾宫女崔氏的住所，并且将她册封为从四品淑媛，对她疼爱有加。另一方面，计划着要驱逐南人党并重新夺回政权的西人党，开始试图通过淑媛崔氏的力量，让仁显王后得以复位。不过，南人党也察觉到肃宗的心境起了变化，于是，他们将企图让仁显王后复位的这些西人党全数抓起来，对他们进行了严刑拷打。此事被传开之后，肃宗反而将

[1]　在宫中挑水做杂役的宫女。

南人党人士流放到外地，并重新起用西人党的人，史称"甲戌换局"。然后，肃宗将他这段时间在心中策划的想法——付诸实现。他亲笔写了一封信，将其连同美丽的衣服和华丽的轿子一起送到了仁显王后的处所，并且将她迎回了宫中，恢复了其正妃的身份。

　　仁显王后复位之后没过多久，就罹患了不知名的疾病，健康状况逐渐恶化。仁显王后持续缠绵病榻，最后在一七零一年八月十四日魂归西天，当时她年仅35岁。在王妃病逝之后，肃宗来到禧嫔张氏的住处，在那里发现了一张仁显王后的画像，画像胸口处留有被弓箭射穿无数次的痕迹。察觉到事态严重的肃宗，将禧嫔张氏的宫女们全数抓起来严刑拷问。事情原来是这样的，禧嫔张氏通过哥哥张希载的小妾，找来一个名叫"五礼"的巫女，巫女在禧嫔张氏的住处设立神坛，作法诅咒并加害仁显王后，同时祈愿让禧嫔张氏再次回到中殿之位。后来发现，巫女不仅在仁显王后的画像上射箭诅咒，而且指示宫女在仁显王后的寝居通明殿西侧角落与莲花池旁这两处地方，将鲫鱼、鸟与老鼠等的尸体进行埋葬。除此之外，禧嫔张氏在过去这段时间所做的其他恶行恶状也暴露在全天下人的面前。肃宗在震怒之下于一七零一年十月八日下令让禧嫔张氏自尽，在两天之后的十月十日，禧嫔张氏终于结束了她的生命。至此，肃宗也已对世子产生了隔阂。老论派的人看透了这一点，所以一度请求改立延礽君为王位继承人，为了达成此目的，他们甚至秘密进行了军事训练。但世子在奉命代理摄政的数年间并没有任何重大过失，所以，在肃宗死后他仍然安然无恙地登上了王位。在登基不到一年之际，由于景宗有痼疾，老论派便以景宗体弱多病为由对其施加压力，上疏请立其弟延礽君为世弟。景宗向大王大妃征询此事的意见，最终大王大妃传达了她的口谕："孝宗的血脉和先大王的骨肉唯有殿下与延礽君两人。"景宗遵从了老论派的意思。气势正盛的老论派乘胜追击，上疏请王世弟代为听政，不过却遭到了少论派与南人党的大力反对。此事导致老论派的首领被处死，多人被发配边疆，老论派的中央政权势力因此被大大削弱，正史谓之"辛壬士祸"。自此，老论派暂时在朝廷中偃旗息鼓，他们一边等待着夺回政权，一边在怨恨中忍耐度日。

少论派对酱油螃蟹敬谢不敏的理由

然而，他们期待的那天却比预想中来得更快。一七二四年八月，景宗因为痼疾复发，再度卧病在床。早从 3 年前开始，景宗就听从医生的指示，吃过 100 多帖的药剂，可是却一点效用也没有。由于长期服药，虽然他的外表看起来很健康，但是五脏六腑却早已虚空，且因食欲不振，景宗已经有很长一段时间未曾好好进食了。但是在八月二十一日晚上，景宗突然因为胸口和腹部疼痛而哀号不已，传唤御医为其诊治之后，发现是他在前一天吃了世弟宫内奉上的蟹酱与生柿子造成的。医生们一致认为，景宗之所以脸色泛黑，是因为同时吃了蟹酱与生柿子，从韩医的角度来看，这两样食物属性相克，应忌讳同时食用。此后，无论服用什么样的药方，景宗都不见好转，腹痛和腹泻的情况日益严重，最终在八月二十五日于昌庆宫欢庆殿驾崩。从此之后，民间开始流传蟹酱与生柿子一起食用会致死的说法，因此人们视之为禁忌。少论派的人因为自己侍奉的君王吃了蟹酱而逝世，也就再也不碰蟹酱这种食物了。

景宗驾崩之后，身为世弟的延礽君继承王位，成为朝鲜第 21 代
君主，史称"朝鲜英祖"。在英祖执政期间，关于他在东宫时期以蟹
酱毒杀景宗的传言仍然在不断扩张着。于是英祖在一七二五年，也就
是登基之后仅 1 年的时间，就让老论派的大臣们重返朝廷。托坊间传
言之福，老论派才得以再度掌握政权。对于此事，少论派一方则感到
愤愤不平，难以忍受。最终，他们与南人党的李麟佐、韩世弘等人联
手，试图推举昭显世子的曾孙密丰君李坦为王，进而起兵造反。李麟
佐是曾经被宋时烈指控为"斯文乱贼"而饱受谴责的尹镌的孙女婿。
他相当善于交际，亲自跑遍各地说服了自从"甲戌换局"之后便难以
涉足政事的南人党人士，包括安城的李浩、果川的李日佐、居昌的郑
希亮以及忠州的闵元普等人，招揽他们参与此次的叛乱。另外，同样
身为南人党的郑世胤与罗州的罗崇大合作，以 600 名到 700 名的流民
为基础组成了绿林党，然后他们二人把指挥权交给了李麟佐。为了能
够一举成功，李麟佐置办了数百支火枪，并且交代由朴弼显与沈维
贤负责军事方面的训练。另外，他还在全罗道地区的全州和南原市
集上张贴写有"英祖毒杀景宗"的挂书[1]，吸引了社会舆论的广泛讨
论。于是，感觉到动荡不安的地方士绅们开始提供资金，并且动员家
中的奴仆参与叛乱。虽然在发起叛乱之前，叛军由于军事力量过于分
散而产生了混乱，但是李麟佐为了增强军力而费尽心思，终于控制了
局势，凝聚了叛军的军心。总算等到适当的时机，在英祖四年（1728
年）三月十五日，他让权圣凤假装举行葬礼，然后把武器藏在丧车中

---

[1] 匿名发表的文章。

进入清州，直接发动了攻击。叛军杀了忠清道兵马节度使李凤祥，并且占领了清州城。在占领清州城之后，信心大增的李麟佐一路向北进攻，经由木川、清安、镇川等地，控制了安城、竹山等忠清道和京畿道一带的局势，接着，他派遣首领到各个地区，并且将官粮发放给生活困苦的百姓。他利用百姓的愤愤不平得到民心，借此扩充了叛军的军事力量。但是，事情并没有那么简单，原先被寄予厚望的岭南地区和湖南地区并未给予预期中的响应，而且，安东的儒生们以及湖南的权贵人士对于军事动员也都采取了不合作的态度。后来，朝廷任命兵曹判书吴命恒为新的都巡抚使，并让其带领官兵镇压叛乱。最后，吴命恒在安城制伏了叛军，并且展开了猛烈的追击战。

功臣名单：平定"李麟佐之乱"而立下大功的臣子们，他们的名字被记载在扬武功臣教科书上。其中包括一等功臣1名、二等功臣7名、三等功臣7名，功勋事迹与姓名皆记录在内。
资料来源：韩国文化财厅

村民申吉万等人与僧人们合力逮捕了藏在深山寺庙中的李麟佐，并且将其交到了吴命恒的手上。吴命恒为了降伏叛军，佯令要砍下李麟佐的脑袋，但是，实际上是砍了其他人的项上人头来取代，并且，他在悬挂人头的长竿尾端写着"贼魁李麟佐"。之后，他便将李麟佐本人押送到汉城。在汉城焦急等待着镇压叛军消息的英祖，一听到李麟佐被逮捕的消息，就立刻高兴得手舞足蹈，决定亲自到崇礼门迎接吴命恒，并在昌德宫仁政门前直接对李麟佐等人进行审问。李麟佐坦白供出以他为首的叛乱主谋以及造反的事实之后，隔天便遭到斩首之刑。身为叛军的首领原本应被凌迟处死，不过顾念他是尹镌的孙女婿而作罢。虽然李麟佐之乱以失败告终，但自此之后，少论派仍然继续维持着不吃蟹酱的传统。

由于师生之间的斗争而造成的党派分裂

西人党之所以会分裂成老论派与少论派，宋时烈和尹拯师生之间的反目成仇是关键因素。尹拯出身自名门望族坡平尹氏，自幼品德出众，聪颖过人，28岁时，他在老师金集的劝说之下成了宋时烈的门人。尹拯在父亲尹宣举过世之后，向师长宋时烈提出请求，拜托他替先父写一篇颂扬其生平功绩的墓志铭。但是，宋时烈知道尹宣举在丙子之役时曾在江华岛避难，后来还换上平民百姓的衣服逃了出来，因此，他认为尹宣举不配被称为一个士大夫。再加上宋时烈奉朱子提出的程朱理学为正统，终生致力于注解朱子著作，但是尹镌却对此提出了不同的见解，而尹宣举对尹镌有着很高的评价且两人一直互有交流，宋时烈得知此事之后感到非常愤怒。

最后，宋时烈写了一篇毫无诚意的墓志铭给尹拯，虽然尹拯提出了修改的要求，但是宋时烈却只修改了部分字句，整篇文章的内容仍然没有太大的变动。尹拯对他感到十分失望，并且写了一封说他"义利双行"（缺乏义理之心）、"王霸并用"（王道与霸道并行）的抗议书信，此后，两人之间便产生了很大的隔阂。宋时烈也将自己的愤怒之意用绝妙的隐喻表达了出来，写了一封回信给尹拯，其后两人渐行渐远。后来，支持老师宋时烈的势力称为"老论"，而拥戴弟子尹拯的一方则称为"少论"，双方之间的党争又被称为"怀尼是非"。"怀"是指宋时烈曾经住过的地方怀德（现今的大田广域市大德区），"尼"则是指尹拯曾经生活过的尼城（现今的忠清南道论山市）。

菜单 1-7　荡平菜

英祖的荡平策是否来自荡平菜?

这位书生，
请尝尝看这道橡子凉粉吧，
昨天才刚做好的，很美味呦。

谢谢您的好意，
但是我更喜欢吃绿豆凉粉。

果然是从汉城来的两班贵族，
口味就是与众不同。

在所有绿豆凉粉中，
荡平菜更是首屈一指呀。

荡平菜？
为什么凉粉的名字
听起来这么深奥难懂？

哈哈，仔细听好了，
凉粉的名字之所以变得这么深奥，
是有其缘由的。
让我把来龙去脉说给您听吧。

荡平菜与荡平策之间有着什么样的关系？

凉粉是祖先们创造出来的智慧食物，同时也是值得称赞的一道食物。在接连不断的旱灾荒年，人们为了填饱饥饿的肚子，而把橡实、绿豆和荞麦磨成粉，做成凉粉来食用。凉粉原本是救荒食物，不过最近发现它可以抑制脂肪吸收，并且带来饱足感，因此成了一项备受关注的减肥食品。各式凉粉当中最受人们欢迎的是橡子凉粉，一九九九年英国女王伊丽莎白二世到访韩国，在她前往河回村的时候，这道橡子凉粉还曾经出现在她生日宴会的饮食当中。之后，英国的科学家们针对橡子凉粉的功效进行了实验，结果发现它是一种对健康相当有益的食物，因此一时蔚为话题。

一般提到凉粉，大家就会想到橡子凉粉这种深褐色的凉粉，不过，其实也有白色的凉粉，那就是用绿豆做成的绿豆凉粉。制作绿豆凉粉并不困难。将绿豆浸泡在水里1天左右，然后用手搓揉，其间必须将水更换数次，直到绿豆外壳脱落，接着再加入少量的水并且搅拌均匀。将磨碎的绿豆用滤网过筛之后放入水中，沉淀之后就会产生淀粉。将水酌量倒入锅中，为了使其不粘黏必须持续搅拌，待锅中的水煮沸之后，将煮熟的粉浆倒入大一点的容器中，放凉凝固后绿豆凉粉就做好了。每年适逢端午（农历五月初五）之际，韩国就有用清泡水洗头的传统，而这里的清泡水就是指浸泡绿豆时的水。

那么，绿豆凉粉是什么时候吃的食物呢？朝鲜纯祖时期的文人洪锡谟将当时的节庆活动与岁时风俗整理之后撰写而成的《东国岁时记》，19世纪作者不详的《是议全书》，20世纪初由方信荣所作的

《朝鲜料理制法》，一九二四年李用基所写的《朝鲜无双新式料理制法》以及一九三一年吴晴编纂的《朝鲜的年中行事》等著作中，皆记载着三月份是吃绿豆凉粉的时节。特别是洪锡谟曾经在书中提及，荡平菜的食材除了绿豆凉粉之外，还加了猪肉、芹菜苗以及海衣，拌匀之后淋上醋酱一起吃，口感相当清爽，是一道特别适合在三月夜晚享用的菜肴。这里所提到的海衣指的就是紫菜。那么，为何绿豆凉粉会成为三月份必吃的食物呢？通过许浚所著的《东医宝鉴》，我们就可以清楚地明白理由所在。依据《东医宝鉴》，绿豆是一种清热退火的食物，因此，它便成为一种防暑降温的时令饮食。

食材包括绿豆凉粉的荡平菜，虽然名称听起来词意艰涩，不过，实际上制作方法却很简单。将颜色鲜艳的各种食材与绿豆凉粉拌匀，做成带酸味的凉拌菜，一道荡平菜就完成了。是否想要了解得更加详细一点呢？首先，把做好的绿豆凉粉切成略粗的条状。将绿豆芽稍微氽烫过，然后把水分沥干。荡平菜中不可或缺的食材还有芹菜，把芹菜切成手指大小的长度，氽烫过后加点盐巴再炒过。为了让紫菜散发出黑色的光泽，可以先将紫菜烤至酥脆，然后再揉碎做成紫菜碎末。另外，将牛肉切成肉末或细长的肉丝状，再放入各种调味料一起炒过。鲜亮的黄色则是来自鸡蛋，把鸡蛋煎好切成蛋丝。如此一来，所有的食材即准备完成。将除了绿豆凉粉以外的食材先用芝麻油、醋以及酱油拌匀，然后，把拌好的食材摆放在绿豆凉粉上面，或者在盘子上分成两部分各自盛放。饮食专家们一致认为，荡平菜和拌饭这两道菜肴皆使用了构成韩食的黄、青、白、赤、黑五种颜色的食材，是体现五方色的代表性食物。有趣的是，荡平菜一直被公认为宫廷菜之一，在开化期[1]之后，也一直是高级餐厅的菜单中不可或缺的菜色。从日本帝国主义强占时期开始，到 20 世纪 70 年代为止，在高官们经常出入的官邸或料亭里，餐桌上绝对少不了荡平菜。荡平菜被视为宫廷菜的原因是什么呢？虽然民间流传着这道菜肴是实行荡平策的英祖下令命御膳房制作出来的食物这种说法，但是深入了解之后就会发现，其实内容过于夸大。首先，在《朝鲜王朝实录》和《承政院日记》等书中就没有任何英祖命人制作荡平菜的记录。

　　有关荡平菜的记录出现在一八五五年赵在三所著的《松南杂识》中，这是他以教育两个儿子为目的所编写的书，也可将其视为百科全书的一种。赵在三在"衣食类"的部分记载着：宋寅明年轻的时候，有一天在经过商贩林立的大街时，听到叫卖荡平菜的声音而心生感慨，他认为朋党的党人就像制作荡平菜时的各种食材，必须公平地采用各方人马，才能够形成良好的政治氛围。因此，他开始着手进行荡平事业。宋寅明是朝鲜后期的文臣，在英祖登上王位之后因为深得英祖信任，从原先的右议政升至左议政，过世之后还被追封为领议政。英祖登基之后，他立刻上书提出了禁止官员结成朋党的建议，英祖接受了此建议，并在一七二四年下诏书表明了党争的弊端与荡平的必要性，正式开始实行荡平政策。这里所提到的"荡平"一词出自《尚书·洪范》的"王道荡荡""王道平平"，意思是说，身为君主应该要像中国古代的尧舜等圣君一样，公正地任用人才。

---

[1] 韩国受到西洋文化的影响而推翻封建社会秩序，向现代化社会改革的时期。

事实上，早在宋寅明上奏之前，英祖就已经深刻明白了党争对国家的危害。因为他自幼深陷于党争之中，他自己也是依靠着老论派的力量才会被册封为世弟的，另外，在景宗时期，他更是目睹了无数大臣因党争而丧命或被逐出官场的悲剧。但是，荡平政策并没有获得太大的成效。正如之前内容所述，后来因拥护景宗而遭到毒杀的少论派激进势力曾经起兵发动了李麟佐之乱。不仅如此，由于思悼世子在代理听政期间，心中倾向少论派，因此老论派开始挑拨离间，使得思悼世子与英祖的关系日益疏远。最后，英祖还是被卷入了党争之中，命人将思悼世子关进米柜，使得他最后被活活饿死。这么说来，老论派对于思悼世子之死究竟涉入多少呢？就让我们来了解一下其中的内幕吧。

英祖失败的荡平政策，以及思悼世子

英祖的长子孝章世子年仅 9 岁就去世了，之后，英祖就一直没有子嗣，这让他感到非常苦恼。在这样的情况之下，映嫔李氏诞下了王子，此时英祖就像得到了全世界似的。英祖将后宫嫔御所生下的这位王子作为养子过继给贞圣王后，将其当成原配嫡子来抚养，并且册封为世子。世子聪颖过人，两岁时就已经认得 63 个汉字，3 岁时即可在英祖和诸位大臣面前流畅地背诵出《孝经》。不仅如此，他还写得一手好字，经常写下字句分送给众臣。世子年长之后，善骑马射箭，精通武艺，在 24 岁时，他亲自将固有的 18 种武术技艺图文并茂地记录了下来，编写成《武技新式》，该书曾经是被拿来当作训练都监的教材书。今日的朝鲜传统武术是传承并参考正祖时期所编纂的《武艺图谱通志》而来的，而该书便是以思悼世子所著作的《武技新式》为基础的。但是，原先备受众人敬爱的世子却渐渐地笼罩在黑暗的阴影之中，起因正是党争。当时，朝廷分裂为老论派和少论派，而少论派的观点打动了世子的心。这是由于经常出入世子处所的南人党将景宗突然死亡的原因，以及少论派一直以来遭受老论派欺压之事告诉了他。再加上身为父亲的英祖口口声声说要实行荡平政策，可是却把更大的权力赋予了将自己推上王位的老论派。这些事情都让世子支持少论派的心变得更加坚定。在李麟佐之乱时，尹就商的儿子尹志因为在罗州客栈张贴批判老论派的文章而被处以死刑，此时，老论派主张应该将与尹志互通消息的少论派人士一并处以极刑，但是世子却对他们的提议置之不理。不仅如此，他还重用了少论派的首要人物李宗城，将其作为自己的亲信。世子和老论派意见相左的事情还不止于此，老论派的人士请求将他们一直以来尊为师长的"尤庵"宋时烈与"同春堂"宋浚吉两人供奉在文庙里，但是，世子却说这有违荡平政策的原则，因此并未同意。对此感到愤怒的老论派，对这个总是与他们的意见背道而驰的世子感到不满，并且开始研拟在世子登基为王之后，他们所需要的对应之策。

另外，英祖对这个聪慧世子的期待也开始慢慢地破灭。世子的所作所为千奇百怪，让英祖处处看不惯。每当对世子感到失望的时候，英祖就会故意宣告自己即将退位，并且要把王位让给世子。虽然禅位风波每次都以闹剧收场，但是每当这样的事件上演时，为了挽回英祖的心，即便在酷寒肆虐的天气里，思悼世子都会穿着罪犯们穿的麻布衣服，坐在用草席铺成的垫子上，一边痛哭流涕，一边请求英祖收回

后来被追封为"庄祖"的思悼世子写给岳父洪凤汉的信（1750 年）：
这是思悼世子写给岳父的信，叙述了自身的忧郁症，以及患有衣带症
等情况，也表达了他与父亲英祖之间的矛盾。

禅位的命令直至凌晨，以跪席待罪的方式来请求原谅。像这样的跪席
待罪反复地进行着，某年在跪席待罪的过程中，思悼世子还曾经因为
戴在头上的网巾破裂，造成了额头上鲜血直流的惨状。然而英祖对他
的训斥却越来越严厉，甚至连遽然的气候变化等事情，都可以怪到世
子的头上，进而批判为他的政策失误。英祖的让位举措与不知饶恕等
让世子的压力越来越大。在过了 20 岁之后，世子对英祖的惧怕演变
成了心理疾病，并且他开始做出匪夷所思的行为。每当英祖召唤他的
时候，由于他不想去见英祖，甚至还讨厌起穿衣服，最后患了一种叫

作"衣带症"的疾病。这是一种类似于强迫症的病症，他拒绝穿上官服，也不愿意佩戴冠带。有一次，世子宫内的内官、内人、后宫嫔御和世子嫔等人为了让他穿上官服和冠带，双方起了很大的冲突，世子甚至还在一怒之下动手打了人。后来，世子病情越发严重，发作时还会杀死宫婢和内侍。曾经有个服侍世子更衣的内官被他砍下了头，之后，他还提着内官的头四处示人；后宫景嫔朴氏替世子更衣的时候，世子忽然发病，最后将朴氏殴打致死。老论派的人当然不会错过这样的机会。一七五九年，英祖以 66 岁高龄迎娶 16 岁的贞纯王后为继妃，来年从昌庆宫移御（指帝王迁徙居所）至庆熙宫，此后，父子关系变得更加恶劣。抓准时机的老论派将世子的错误大肆渲染后，向英祖告发了世子罪行，这些对世子不利的言论不断地传进英祖的耳朵里，英祖心中对世子的憎恨也日益加深。

朋党政治的牺牲品，同时也成为荡平政策全新起点的一对父子

在这样的情况下，最终在一七六二年发生了那件大家熟知的命运事件。该事件从兵曹判书尹汲的下人罗景彦告发内官们图谋叛乱开始，得知这个消息之后，身为领议政同时也是世子岳父的洪凤汉立刻将此事上呈给了英祖。于是，英祖亲自审问了罗景彦，并从他的衣袖中看到了关于思悼世子 10 条不轨行为的记录，愤怒的情绪让英祖的双手不停颤抖着。内容列举了思悼世子的多项罪行，包括生下嫡孙之后，思悼世子将后宫景嫔朴氏殴打致死，曾虐杀宫女，引女僧入宫居住，以及与内官们私自离开平壤出宫游历并私访北汉山城等内容。英

祖气得直跳脚，他将世子唤到跟前来，向世子追问罗景彦告发的内容是否属实。世子一边放声大哭，一边喊着冤枉，并且要求与罗景彦当面对质，但是英祖并没有接受他的提议。其实，罗景彦背后有老论派的大臣们在操纵和施压，他们想把与少论派亲近的思悼世子逼入绝境。而英祖在当时也早已下定决心，不能就这样轻易放过世子。

一直到临死之前，思悼世子都希望英祖能够原谅他，尽管他趴在昌庆宫时敏堂的站台上认错赔罪，也终究没有得到英祖的原谅。在艳阳高照的闰五月十三日，英祖把世子叫到昌庆宫徽宁殿来，他调动军队，控制了整个宫殿，并且宣布将世子废为庶人，接着，他下令要求世子自刎。世子不停地流着眼泪，并且撕开龙袍，将其挂在了自己的脖子上，一直在旁边观看的侍讲院大臣们急忙地跑向前，阻止了世子的举动。在烈日炎炎似火烧的申时（下午 3 点到 5 点），英祖命人从御膳房拿出了盛大米的柜子。世孙抱住英祖的脚踝，哭着请求他饶了自己的父亲，但是英祖却一把将他甩开。依照惠庆宫洪氏《闲中录》中的记载，当时思悼世子一边痛哭流涕，一边高喊着："父王，父王，是我做错了，我会按照您吩咐的去做，我会好好读书，也会听您的话，请您收回成命，求求您收回成命。"

不过，他没能挽回英祖果断的决心。英祖命令世子立刻进入米柜，当世子一进入米柜，英祖就亲自把米柜的盖子关上，并且用锁将米柜严实地锁上了。最初几天，世子哀切不已的痛哭声响彻了整个宫殿，在炙热的阳光下暴晒且数日滴水未进，世子的体力逐渐下降。英祖下达了严格的命令，命所有人不得给世子提供任何食物与水。同情世子的某人违反了这项规定，英祖得知此事之后更加愤怒，他让人把干草和肥料覆盖在米柜的上方，完全隔绝了进入米柜的空气。8 天之后，世子被活活饿死在米柜之中，终年 28 岁。在世子死后，英祖好像才恍然回过神来。他恢复了世子的身份，赐谥号"思悼"，并且将世孙李算过继给孝章世子当养子。但是，在英祖要将王位传给世孙的时候，他的条件是不可以追崇（对死者追加封号之意）思悼世子，也不可再追查导致思悼世子死亡的背后势力，试图将过去的一切全部掩埋。

在思悼世子死后，老论派再次分崩离析，分裂为认为思悼世子之死为理所当然的僻派，以及对思悼世子之死带着同情心的时派。其中，老论僻派就是促使思悼世子走向死亡的那股势力。另外，英祖即位之后曾经下令推行的荡平策诏书，也以一七六二年为起点，开始被更加积极地实施。英祖认为朋党主张的党论是以杀戮为本，而杀戮是亡国之根源，因此，无论是老论派还是少论派，他都尽量公平地任用稳健而具有妥协性的人才。以此为据，他大力整顿了身为朋党发源地的书院，让南人党的蔡济恭与北人党的南泰齐等人登上了朝廷的政治舞台。

将上述内容整理后可以得知，先是年轻时的宋寅明在大街上看到有店铺在贩卖由多种食材混合而成的荡平菜，才向英祖提出了荡平策这个建议，他认为应该要公平地任用各个朋党的人才，于是英祖才开始实行荡平策。但是随着岁月流逝，故事的先后顺序却对调过来了，变成为了阻止党争的恶化，英祖才创造了荡平菜这道菜肴，目的是向大臣们明确地传达荡平策的内容。然而，故事就这样流传下来了。民间认为荡平菜所用的食材正是朋党的象征，绿色的芹菜代表的是东人

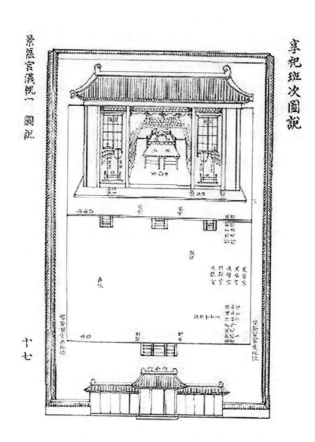

《景慕宫仪轨享祀班次》：这是描写思悼世子祠堂和祭祀的仪轨。
仪轨是指朝鲜时代王室或国家主要行事内容的记录。

党，白色的绿豆凉粉是西人党，红色的肉类是南人党，而黑色的紫菜
碎末则是北人党。正因为如此，荡平菜被视为君王赐予大臣的宫廷
食物，所以在现代的韩定食当中，它就成了菜单中必不可少的一道
菜肴。

宫廷文学的代表作《闲中录》诞生的秘密是？

　　由惠庆宫洪氏所撰写的回忆录《闲中录》，被视为朝鲜宫廷文学的翘楚，这部作品诞生的背景中有一段秘闻。惠庆宫洪氏的外祖父一家人因为正祖而惨遭灭门之祸，为了重新恢复外祖父的名誉，她写了《闲中录》这部作品。由于是惠庆宫洪氏在怨恨中所写下的文字，因此这本书也叫作《恨中录》。

　　思悼世子的儿子正祖登上王位之后，立即将与父亲之死相关的人处以极刑或发配边疆。在此过程中，贞纯王后的外戚势力清风金氏与正祖亲生母亲丰山洪氏（惠庆宫洪氏的娘家）皆变成了一片废墟。世间曾经流传着这样的流言蜚语，说当初那个闷死思悼世子的米柜是惠庆宫洪氏的父亲洪凤汉送来给英祖的，惠庆宫洪氏为了替父亲阐明真相而写了这些文章。先前，正祖曾经向惠庆宫洪氏承诺过，等到她年过7旬的时候，就恢复丰山洪氏家族的名誉。但是，最终他仍旧没能遵守这个约定，因为在惠庆宫洪氏差4岁即满7旬的那年，正祖就与世长辞了。惠庆宫洪氏之所以写下这部回忆录，主要是为了让年幼的纯祖了解思悼世子的死亡与自己的娘家无关，以及让他明白正祖在生前就已经承诺要恢复洪氏家族的名誉等实情。另外，在《朝鲜王朝实录》中并未出现过"米柜"一词，而只有"被严密地关在里面"这样的叙述而已。文献中首次出现"米柜"这个具体物品的说法，就是在惠庆宫洪氏所执笔的《闲中录》里。

《泣血录》：惠庆宫洪氏所著回忆录《闲中录》的抄本。
资料来源：韩国国立中央博物馆

第二章　时代造就的食物

与朝鲜的历史一同流传至今

为了配合朝鲜时代变迁而产生的食物

菜单 2-1　明太鱼干、乌贼干、盐渍鲭鱼、黄花鱼干

在没有冰箱的时代，用盐渍／干燥法保存的水产品

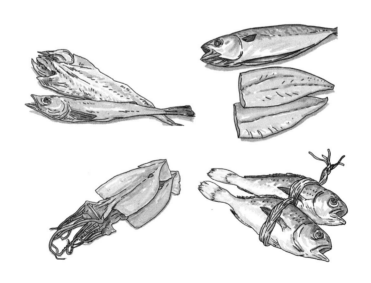

老板娘，今天的小菜太美味啦！
盐渍鲭鱼的味道一绝，
干明太鱼汤也相当爽口呢。

因为我昨天去了趟市场。

怪不得，不过吃了这道盐渍鲭鱼，
不禁让人想起黄花鱼干的好滋味呀。

哎哟，那么贵重的黄花鱼干，
我们这种小酒馆怎么会有呢？
不过您等会儿要离开的时候，我给您烤一点
昨天在市场上买的乌贼干吧。

这可真是个好主意呀！
那么为了感谢老板娘的好意，
我就给您说个有滋有味的故事吧。

把乌贼烤好撕开来的这段时间，
正好可以用来听客官说故事。

这样的食物究竟是从何时
开始出现的呢？
这就是我所要说的故事。

容易变质的海鲜在进贡过程中，产生纳贡承包人代纳之弊端

明太鱼干、乌贼干、盐渍鲭鱼以及黄花鱼干的共同点就是可以保存很久。如果乌贼、鲭鱼以及黄花鱼在未完全晒干的状况下，就被拿去当作商品流通的话，那么不到两天就会变质。在没有冰箱的年代，祖先们为了可以长时间保存水产品，于是发现了干燥法以及使用盐巴腌制的盐藏法，还有在冬天借由冰冷的寒风将这些海鲜进行熟成的方法。百姓们捕获的水产品会以纳贡的形式呈送给君主，但是，一般从外地到汉城需要一个月以上的路程，因此，经常会发生贡品损坏的情况。所以，从朝鲜初期开始，居住在汉城的京主人[1]开始承担起纳贡承包人的工作，代替各地区的农民筹措贡物向中央纳贡，这种权宜之计又叫作"代纳"（防纳）。问题是，京主人经常以低廉的价格购买质量不好的物品上呈，然后再向各地的百姓索取数倍以上的高价，这就是所谓的"防纳之弊端"。依据《中宗实录》内容所载，当时代纳 1 只羊的话，代价是 7 捆棉布，1 块貂皮的价钱则是 4 捆官木[2]，而 1 只鸟的价格竟高达 30 匹官木。对此难以承受的百姓，若是想把现有的物品当成贡品上呈的话，就必须去收买首领或衙役才有可能得到通融，因此，农民缴不出贡品之事比比皆是。在代纳制度实施之前，为了不让水产品在到达汉城之前就变质，百姓们便以自三国时代流传下

---

[1]　在高丽、朝鲜时代，京主人负责中央和地方官衙的联络事务，是由地方首领派任到汉城的衙役或乡吏。

[2]　国家储备的棉布。

来的盐藏法或干燥法来保存水产品，此外，人们还开发出了其他充满智慧的保存方式。与刚从大海捕捞上来就立即烹煮的新鲜滋味相比，经过腌制的水产品别有一番风味。

一年四季都能吃到，名称五花八门的明太鱼干货

其中，最具代表性的水产品是明太鱼。明太鱼是祭祀、拜神以及举行传统婚礼时不可或缺的物品之一，也是大家都很熟悉的水产品。举行传统婚礼时，之所以会使用明太鱼干，是因为明太鱼头型大且鱼卵多，被认为是多产和富饶的象征。另外，明太鱼拥有明亮的眼睛，表示可以让生活变得更明亮，并带来家庭和睦，也包含着用光明驱走黑暗气息的意义。再加上明太鱼总是瞪着一双大眼睛，因此，也被认为能够驱除不祥之物。

其实，明太鱼并不是一开始就被命名为"明太鱼"。关于明太鱼的名称，有一段趣味横生的故事曾经被记录在高宗时期文臣李裕元所编纂的《林下笔记》（1871 年）当中。据说，明川地区有一位姓太的渔夫捕获了一种鱼，他将其献给了治理该地区的道知事（道伯）。道知事觉得这种鱼吃起来十分美味，但是问起鱼的名字却无人知晓，只知道这是明川一位姓太的渔夫抓到的，因此，道知事便把这种鱼取名为"明太鱼"。但朝鲜初期的文献中根本看不到"明太鱼"这个名字。

在一五三零年（中宗时期）所编撰的《新增东国舆地胜览》卷48 至卷 50 中的"咸镜道部分"，新增收录的关于京城与明川物产的内容里可以看到"无泰鱼"出现，后人推测无泰鱼即明太鱼。明太鱼的另一个名字叫作"北鱼"，因为它是在北方海域捕捞到的。

一七九八年（正祖时期），在李晚永编撰的《才物谱》当中记载着：
"由于明太鱼捕获自北海，因此又称为'北鱼'。"在朝鲜中期以后，
明太鱼成为一种常见的鱼类，市面上也很容易买到明太鱼的鱼卵，孝
宗三年（1652年）《承政院日记》里的记录能够证明这一点。依其内
容记载，原本应该要上呈的贡品为鳕鱼卵，然而却出现了以明太鱼卵
取而代之的情况，因此应该加以管制。

　　明太鱼也依制作方式不同而有着五花八门的名称。除了上面提
到的"明太鱼"和"北鱼"之外，冷冻的明太鱼叫作"冻太"；在江
原道地区的晒鱼场上，利用当地冬天的严寒、强风与日照挂棚晾晒，
经过20多天反复结冻解冻，使得鱼体变黄的称为"黄太"；除去内
脏和鱼嘴后处于半风干状态的是"半干明太鱼"；干燥后呈现雪白
色泽的称为"白太"；黑色的则叫作"黑太"；晒干后坚硬异常的是
"干太"。除此之外，用渔网捕捞的叫"网太"；钓鱼捕获的叫作"钓
太"；在江原道沿岸捕获的叫作"江太"；在咸镜道沿岸捕获的小型
明太鱼称作"倭太"；另外，晒干后长得像沙参的明太鱼叫作"沙参
北鱼"；明太鱼的幼鱼被称为"婴太"或"幼太"，还有一种说法是
"小明太鱼"。在没有冰箱的朝鲜时代，为了让新鲜捕获的明太鱼在一
年四季中皆可享用，因此才逐渐发展为北鱼或黄太鱼的干货形态。明
太鱼由于产量丰富，因此即便是在朝鲜时代，无论在何处，都只要花
3钱左右就可以买得到，所以它也就成了深受百姓们喜爱的食材。

　　把乌鸦抓来吃的乌贼？

　　接着，让我们来认识一下乌贼。乌贼本来的全名是"乌贼鱼"。

乌贼名称上有着代表乌鸦的"乌"字，那么，这和乌鸦又有什么关系呢？有一种说法是因为乌贼非常喜欢吃乌鸦的肉。但是，乌鸦在天上飞，而乌贼却在海底游，乌贼想吃乌鸦肉应该不是一件容易的事情，因此，乌贼想出了一个办法，那就是把自己的身体当作诱饵。也就是说，乌贼会让自己漂浮在海面上，像死掉一样平躺着，在乌鸦向下俯冲靠近大海的时候，乌贼就会立刻用脚将乌鸦拖进海里并吃掉。因此，人们认为这种软体动物是"危害乌鸦的盗贼"，随着时光几番流转，在口耳相传之下，"乌贼"的名称就这样流传了下来。

不过，也有人认为这种说法并非属实。这一派的人认为乌贼本来的名称并不是"乌贼鱼"，而是"乌鲗鱼"。他们的论点是，由于乌贼喷出的墨汁颜色像乌鸦一般漆黑，因此，人们才会在它的名称上添加"乌"字；另外，"贼"字也并非指代表"盗贼"之意的"贼"，而是指有"软体动物"之意的"鲗"。捕捉乌鸦来吃的故事，也只是利用与汉字发音相同的文字捏造而成的传说罢了。虽然我们无法得知哪一种说法才是正确的，但是有一件事可以明确，那就是现今的"乌贼"二字是从汉字名称演变而来的。为了让容易变质的乌贼可以放着慢慢吃，人们想出来的方法就是将其制作成乌贼干。

进贡给王室的各项贡品之中，乌贼也是其中之一。从朝鲜初期到朝鲜末期的所有实录中，乌贼皆被记载为"乌贼鱼"。特别是由于明朝使臣对乌贼很感兴趣，因此，朝廷将乌贼送到使臣居住的太平馆，其数量足足有 1200 尾至 2000 尾之多。另外，乌贼干当时的名称为"干乌贼鱼"，记录上还写着它是当时朝鲜物产中最具代表性的一项。送往北京的时候，实录记载的数量为 800 尾到 1600 尾。虽然现今郁陵岛的乌贼很有名气，但是根据实录记载，从前在济州岛捕获的乌贼才称得上是名品。另外，也留有倭人想要捕捞乌贼进行买卖的记录。那么，朝鲜时代的乌贼价格如何呢？根据正祖二十年（1796 年）的《日省录》记载，乌贼每尾的价格是 4 钱，明太鱼 1 尾是 3 钱，由此可以得知乌贼的价格较高。

比起作为贡品，作为平民菜肴而备受喜爱的盐渍鲭鱼

接下来，让我们来了解一下盐渍鲭鱼吧。鲭鱼之所以又称为"高登鱼"，是因为鲭鱼的背就像山丘一样圆鼓鼓的。朝鲜成宗时期编纂的《东国舆地胜览》将鲭鱼标记为"古刀鱼"，意思是它的模样与古时候的刀子很相像。丁若镛的哥哥丁若铨在黑山岛流放期间，写了一本叫作《兹山鱼谱》的书，里面提及鲭鱼时所记录的名称是"碧纹鱼"，这是因为在鲭鱼的鱼背上有着青蓝色的花纹。

鲭鱼最美味的季节是九月到十一月。韩国甚至出现了"秋天的梨和鲭鱼不给媳妇吃"这样的俗语。在韩国海域，鲭鱼是很常见的鱼类，只要放入鱼竿，鱼很快就会自动上钩，也很容易被捕获。但鲭鱼一旦被捉到就会死掉，而且鱼身马上就会腐烂，因此，鲭鱼的保管是一件非常麻烦的事情。在安东地区的腌制工人尚未开发出用盐巴腌制鲭鱼之前，鲭鱼都是以晒干的状态广泛流通的。不过其味道不佳，而且口感又硬，从《承政院日记》英祖元年（1724 年）十月二十日的记录来看，领议政李光佐甚至还要求把一无是处的鲭鱼干从进贡的品项中删除。

　　　　臣曾为咸镜监司时，见进上有干古刀鱼等物种，绝无用处，
而民力则多费矣。进上之物，固非自下所敢议者，而此等无用之
物种，特教除弊则诚好矣。古刀鱼，虽新捉，不堪为御供，况干
之如木片，虽赐予诸处，亦何用哉……

　　到英祖时期为止，在实录和《承政院日记》中都没有出现关于盐
渍鲭鱼的记录，因此，可以推测出安东地区的盐渍鲭鱼是在 19 世纪
之后才开发出来的。现今的大韩民国第 147 号名人，也就是安东盐渍
鲭鱼的达人李东三，有 50 年盐渍鲭鱼经验的他也可以为这一点作证。
在交通还不发达的时候，从东海沿岸捕捞上来的鲭鱼，必须花费一天
的时间，才能送达位于内陆的安东地区。安东地区供应海鲜的地方是
在盈德的江口港。将凌晨捕捞的鲭鱼装载在牛车上，必须花费足足一
整天的时间，牛车才会抵达安东临东面的鞭巨里[1]市集。在距离安东
市集只剩下 5000 米的路程时，腌制工人就会把鲭鱼的肚子剖开，取
出内脏并且涂抹上粗盐。

　　因为是"概略涂抹上盐的鲭鱼"，所以在安东地区又叫作"概盐
鱼"。鲭鱼在腐坏之前会产生一种酵素，而这种酵素会适当地与盐巴
融合在一起。另外，在到达安东市集的这段路中，鲭鱼的水分也会适
度地流失，再借由阳光和风的力量让它自然熟成，于是，美味的盐渍
鲭鱼就此诞生了。虽然盐渍鲭鱼直接吃就很美味，但是，加入各种调
味料再放到铁锅里蒸过做成的蒸盐渍鲭鱼，以及放入陈年泡菜一起炖

————————————

[1]　无对应汉字，由韩文音译的名称。

煮成的炖陈年泡菜鲭鱼，也是深受老百姓们喜爱的平民美食。另外，在 20 世纪 80 年代左右，住在釜山南浦洞后面巷子里的人家，有许多会把刚捕捞上来的鲭鱼用煤炭烤得香喷喷的再享用，这样的美食被称为"烤鲭鱼排"。对于平民百姓来说，烤鲭鱼排搭配马格利酒一起吃就是最高级的享受了。

利用盐藏法使其发光发亮的黄花鱼干

那么，最后让我们来认识一下最具代表性的干燥水产品黄花鱼干。"黄花鱼干"一词的典故来自高丽仁宗时期。身为高丽仁宗外祖父与岳父的李资谦，曾经企图毒杀仁宗并发动叛乱，篡位失败后被发配到了灵光郡一带。后来，他把这里用盐腌制过的黄花鱼干献给仁宗，表示自己"虽然送礼，但是并非表示屈服"。因此后来"卑屈"一词就成了黄花鱼干的名称。不过，后来的学者们却有另一种解释。他们认为，其实是因为当时用稻草将黄花鱼捆绑成一串，所以黄花鱼就会变形成弯曲的样子，因此，本来叫作"仇非[1]黄花鱼"，但久而久之，在口耳相传之下，最后就变成了"黄花鱼干"。而实录中则是记载着黄花鱼为"石首鱼"。《太宗实录》里记载着将刚做好的石首鱼送至宗庙的内容；《成宗实录》中则有由于成均馆经费不足，因此将 100 升米、2 桶鱼虾酱以及 20 串石首鱼赏赐成均馆的记载。另外，《仁祖实录》也有相关记录，内容是说，曾经有人进贡了变质的石首鱼，不过后来却免除了那个人的罪行，由此可以看出，黄花鱼也是代

---

[1] 구비，发音与"弯曲"相同。

表性的贡品之一。不仅如此，黄花鱼也是最常出现在宫廷餐桌上的一道菜肴。依据一六二五年（仁祖时期）的《承政院日记》内容，光是各个嫔妃之下的处所，一年之间使用的石首鱼数量就有 13000 余串。《世宗实录·地理志》的"灵光郡记事"中写道："石首鱼产于灵光郡西侧的波坪市（法圣浦一带），在春夏交际之时，各处的渔船全部聚集在一起，使用渔网捕捞之。"由此可见，法圣浦自朝鲜时代起就是捕捞黄花鱼的黄金渔场。黄花鱼干最著名的地区是灵光郡法圣浦，其主要原因除了法圣浦的黄花鱼捕获量最多外，还在于当地使用了特有的盐藏法加以腌制。法圣浦在腌制黄花鱼时所使用的盐，并不是普通的盐巴，而是灵光郡盐山面当地盐田出产的天日盐。这种天日盐经过1 年以上的保存，卤水已经彻底蒸发掉了，因此就变得非常美味。另外，使用盐巴腌制的时候，盐的使用量会因为黄花鱼的大小而有所不同，为了让黄花鱼能够均匀地涂抹上盐巴并入味，腌制的时间也必须加以调整。由于盐藏法具有相当大的难度，因此，一般人也很难模仿。除此之外，法圣浦还有适当的日照量和湿度，再加上从海上吹来的西北风自然而然地将黄花鱼加以干燥，因此，当地才能做出如此非凡的味道，甚至还出现了"黄花鱼干是被风吹干的"这样的说法。朝鲜时代的黄花鱼干比现在放了更多的盐巴，当时的人们为了让春天捕获的黄花鱼可以长期食用，所以采取了较为彻底的腌制手段。首先洒上盐巴腌制三四天，然后再暴晒半个月以上，让黄花鱼变得完全干燥。如此一来，就会像撕明太鱼干一样，也可以很容易将黄花鱼干撕开。在没有冰箱的朝鲜时代，人们会将一串干燥的黄花鱼干放进装满大麦的容器中保存。属性偏凉的大麦不仅有冷藏的效果，而且大麦的粗糠还可以吸收黄花鱼干的油脂，让鱼肉保有劲道的口感。用这种方式做成的鱼干就叫作"大麦黄花鱼干"。

此外，还有另一个和黄花鱼干有关的传说，那就是众所周知的"慈仁考碑"故事。传说有一个以小气出名的吝啬鬼，他把一串大麦黄花鱼干挂在天花板上，叫家人吃一口饭看一眼黄花鱼干，没想到孩子只是多看了一眼，他就大发脾气，说这样会把黄花鱼干给看坏。不过这个故事的主角是真实存在的人物，他就是仁祖时期居住在忠清北道阴城郡的中部参奉赵惟曾的四儿子赵玏（1649—1714 年）。赵玏为了积聚钱财历经千辛万苦，可以说是做出了各种极尽夸张的吝啬之事，最后，他的家族成了富甲一方的大户人家。在他年届花甲的那一年，因为遭逢旱灾，全国上下饿死的百姓不计其数。尽管是个远近皆知的吝啬鬼，但他还是打开了粮仓，慷慨解救了众多饥民。度过饥荒之年后，曾经受过他救济的百姓们替他立了一块颂德碑，上面的碑名就写着"慈仁考碑"，也就是"以慈悲之心解救众多将死之人，如同父母再造之恩"的意思。这个碑名与他的逸事被写成故事流传了下来，这就是"慈仁考碑"的由来。

禁止自由航行的朝鲜时代

在朝鲜时代，国家虽然允许个人乘船出海捕鱼，但是却反对私自前往国外。因此，根据自己的意志开辟新航线、旅行或者访问其他国家等这样的事例寥寥无几。在朝鲜肃宗时期，安龙福前往对马岛向岛主获取能证明郁陵岛与独岛皆属朝鲜领土的文件，后来，他便被押送到汉城并判了死刑，不过，朝廷最后免了他的死罪而将其流放到了边疆。若是人在不可抗力的状况之下（比如被卷入海浪和风暴中）出了海，最后竟然再度"漂流"了回来，那么朝廷会考虑他所承受的痛苦，依照惯例酌情处理甚至予以鼓励。最具代表性的例子就是金非衣一行人漂流到琉球王国的事件。成宗八年（1477 年），金非衣为了将橘子进贡给朝廷，从济州出发前往汉城，途中在楸子岛前方海域遭遇了暴风，于是，他靠着木板一路漂流到了琉球王国。他们在琉球王国受到了对方的厚待，这件事情被收录在实录当中，内容描述如下：

> ……勺饮不入口者，凡十四日，至是岛人，将稻米粥及蒜本来馈……

他们将琉球王国社会、经济、文化、风俗以及环境等方面的内容写成了详细的报告，这在《成宗实录》中也有详细的记载。因此，朝廷赐予了他们以下奖励：

> 送还漂流人金非衣等三人，济州命除二年役，给半年料及过海粮，又各赐襦直身帖里布，直身帖里（上衣下裙相连的男用衣服），各一。
> ——《成宗实录》，成宗十年（1479 年），六月二十日第 3 篇记录

　　总之，朝鲜虽然地处半岛，但是既不从事渔业，也不允许以私人原因出海。

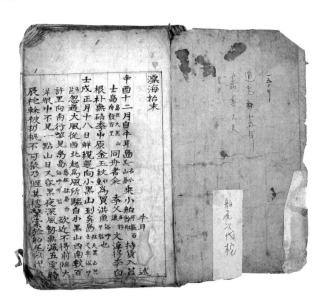

《柳庵丛书》内部：和金非衣一行人一样，一八零一年文淳得为了购买斑鳐而从牛耳岛出发，在返回路上漂流至琉球（现在的冲绳）并滞留当地。在八个月后，他踏上了回乡之路，途中再次漂流到吕宋（现今的菲律宾），之后，他途经中国的澳门、广东、北京和义州（今辽宁义县）才返回汉城。他的漂流事迹，先是由当时正在牛耳岛流放的丁若铨做了记录，后来，被丁若镛的弟子李纲会收录在他的文集《柳庵丛书》当中。
资料来源：韩国文化财厅

菜单 2-2　白菜泡菜、黄瓜泡菜

万历朝鲜战争之后才引进，与辣椒一同诞生的红色泡菜历史

老板娘，没有泡菜吗？
若是没有泡菜的话，
我就吃不下饭哪。

哎呀，
泡菜正好都吃光了，
要不要给您来点水萝卜泡菜呢？

啊，泡菜不是一定要红通通的
才会够味吗？

看看我这记性！
不过既然有现成的黄瓜泡菜，
就给您来点这个吧。
虽然人家说不要强求，
不过还是请您好好享用吧。

虽说泡菜归泡菜，不过黄瓜泡菜
是什么时候开始腌制的呢？

您说黄瓜泡菜吗？
已经有上百年的历史啰，
我来把这段历史说给您听吧。

19世纪以后和辣椒一起诞生的火红白菜泡菜

冬天，大家一起腌制并分享的最具代表性的韩国发酵食品非泡菜莫属。韩国这种越冬泡菜的文化已经在二零一三年正式列入联合国教科文组织人类非物质文化遗产。发酵食品是指在乳酸菌等有益微生物的发酵作用下制成的食品。泡菜经过发酵之后，在微生物的作用下会产生不同的成分变化，从而会形成特有的味道以及有益于我们身体健康的营养素。开始发酵的过程，被我们称为"泡菜逐渐熟成"。一旦开始发酵，原先泡菜中带有的病原菌和腐败菌等就会慢慢死去，而泡菜里耐盐性高且不需要空气的有益乳酸菌则会急遽地增加。另外，在各种乳酸菌的作用下，泡菜里会产生乳酸、醋酸以及酒精等成分，并散发出一种我们熟悉的味道，也就是泡菜独有的清爽、辛辣的香气。当我们听到"泡菜熟透了"这句话的时候，那就表示泡菜中维生素和无机物质的含量已经达到了最高值。

那么，韩国人是从什么时候开始腌制泡菜的呢？在古代文献中，代表泡菜的汉字为"菹"，中国在3000年前的文献中就已经出现这个字，而韩国则是从高丽时代才开始使用它。中国的"菹"是指用盐腌制而成的食物，因此也称为"渍"，这个字至今仍在使用，用来指咸菜、腌黄瓜与萝卜泡菜[1]等。高丽时代有关泡菜的代表性文献是李奎报所著的《东国李相国集》。他将自己在家里种植的六种蔬菜作为素材，写了一首叫作《家圃六咏》的诗，里面提及："得酱尤宜三

---

[1] 在咸菜（짠지）、腌黄瓜（오이지）和萝卜泡菜（섞박지）等的原文中皆带有"渍"字。

准备越冬泡菜：家人和邻里们聚在一起腌制冬天吃的泡菜，腌制越冬泡菜文化在二零一三年已经被列入联合国教科文组织人类非物质文化遗产之中。

夏食，渍盐堪备九冬支。"小黄瓜、茄子、芜菁、葱、露葵以及瓠瓜等蔬菜都曾在他的诗中登场。通过这首诗，我们可以得知高丽时代蔬菜在夏天用酱料来腌制，而冬天则用盐巴来腌制。不过就我们所知，直到高丽时代，泡菜类还是用盐腌制而成的，就像现今水萝卜泡菜或白菜泡菜的形态，而这样的传统一直延续到了朝鲜初期。从《世宗实录》中的"社稷正配馔实图"可以看到，笋菹（竹笋泡菜）、青菹（萝卜片水泡菜）以及韭菹（韭菜泡菜）等各式各样用盐巴腌制的"菹"都在餐桌上出现过。

之后，我们终于可以在朝鲜时代的文献中找到"泡菜"一词的来源。"泡菜"一词来自何处，目前分为两种说法。一种说法是来自史书上的记载，他们认为，"泡菜"一词来自"沈菜"，而"沈菜"是指"用盐来腌制的蔬菜"。在一五一八年金安国所著的医学书《救急辟瘟》中，首次出现了"沈菜"一词。另外，在一五二五年崔世珍为了让孩子们学习汉字而发行的《训蒙字会》中，提到将蔬菜用盐巴腌制之后再倒入水，从而做成浸泡在大量汤汁里的泡菜，这种泡菜就叫作"沈菜"。此外，有人认为"越冬泡菜"（김장）一词的起源也经历了相同的变化。也就是说，在朝鲜时代表示"越冬泡菜"的用词是"沈藏"（침장），随着时间的演变，再从"Chim-jang"（침장）变成了"Tim-jang"（팀장），后来又变成了"Dim-jang"（딤장），由于音韵的变化，最后才演变成现代韩语中的"越冬泡菜"（김장）。另一种说法则认为"泡菜"是来自"咸菜"（함채）一词。在中文的发音中，咸菜又叫作"Hahm Tasy"或"Kahm Tasy"，在转化成韩语的过程当中，发音慢慢就演变成了现今的"泡菜"（Kimchi）。

正式介绍泡菜制作方法的书是显宗十一年（1670 年）贞敬夫人安东张氏张桂香编著的第一本韩文烹饪书《闺壶是议方》。这里所介绍的泡菜制作方法并不是用盐巴腌制，而是用热水浸泡熟成的"无盐沈菜法"，将山芥等蔬菜放入小坛子里，倒入热水后，再放在热乎乎的火炕上煮熟食用。另外，本书还介绍了一种"生雉沈菜法"，那就是将小黄瓜泡菜切细后放在水里浸泡，然后将雉鸡肉煮熟并切成长条状，将两者一起放入热水中，再加入盐巴使其发酵熟成。由此可以得知，在泡菜中加入各种鱼酱、明太鱼或鱿鱼等动物性食材一起搅拌制作的方法，早在朝鲜中期就已经出现了。一六八零年左右（肃宗时期），出现了介绍包含古人智慧的烹饪方法和食品种类等内容的《要录》，作者不详，其中总共介绍了 11 种不同的泡菜。不过，值得大家注意的一点是，截至目前，都还没有出现与我们现今所食用的红色泡菜相关的内容，虽然曾经有用辛香料川椒来取代辣椒的记录。这里说的川椒就是花椒树的果实，而这样的朝鲜泡菜也传到了中国。

　　通常一提到泡菜，我们就会联想到又辣又红的泡菜，不过通过记载的数据可以得知，虽然辣椒早在万历朝鲜战争（1592—1598 年）之后就已经传入了韩国，但是一直到 18 世纪初期，在腌制泡菜时都并没有出现过使用辣椒的事例。被推崇为"实学家先驱"的"芝峰"李睟光写了一本被归为百科全书类的《芝峰类说》（1614 年），书里提到了关于辣椒传到韩国的故事。书中记载："南蛮椒有大毒，始自倭国来，故俗谓'倭芥子'。今往往种之酒家。利其猛烈，或和烧酒以市之，饮者多死。"从中可以看出，在他生活的 17 世纪初期，韩国就已经开始栽培辣椒了。但是，即便已经出现辣椒，它却仍然未使用于泡菜的制作。那么，是从什么时候开始，才在泡菜的制作过程中加入辣椒的呢？在目前流传的文献中，最早介绍利用辣椒腌制泡菜的书，是柳重临在英祖四十二年（1766 年）出版的《增补山林经济》。这本书是为了补充洪万选所著的《山林经济》内容而撰写的，书中提到了关于制作泡菜时放入辣椒的内容，这种方法叫作"沈萝菖醯菹法"。具体制作方法为：将带着萝卜叶的白萝卜与鹿角菜、南瓜、茄子等蔬菜放在一起，然后，加入大蒜汁、辣椒、川椒以及芥末等辛香料一起拌匀。当时做出来的味道应该和现今的嫩萝卜泡菜极为相似。

推测应该是在 19 世纪时才出现了像现今这种用各种酱汁和红辣椒调味料拌在一起制作而成的泡菜。例如，光山金氏礼安派家族金绥所写的烹饪书《需云杂方》中，使用了"沈菜"一词；另外，纯祖九年（1809 年）凭虚阁李氏编著的《闺合丛书》中，也记载了在制作泡菜时，使用辣椒粉和各种酱料一起搅拌的内容。在徐有榘编纂的博物馆志《林园经济志》（113 卷 52 册）中，"鼎俎志"（卷 41 至 47）部分也介绍了与现今形态相同的 90 多种泡菜。徐有榘将泡菜分为 4 种，分别是腌藏菜、酢菜、菹菜以及菹菜，并且做了详细的说明。其中，利用鱼虾酱、酱料、生姜、大蒜以及食醋等调味料促进发酵而做成的菹菜，被介绍为是在韩国开发出来的"发酵后可立即食用的泡菜"，这个正是我们今日所吃的泡菜。另外，19 世纪末期作者不详的烹饪书《是议全书》中，也介绍了多种腌制泡菜的方法。由此可见，泡菜从那个时候开始，就以现在我们所熟悉的形态出现了。

另外，"茶山"丁若镛的二儿子丁学游，于一八四六年（宪宗时期）所创作的《农家月令歌》中，在"十月"篇中将腌制泡菜的场面生动地描绘了出来。

> ……挖好白萝卜和白菜，准备腌制泡菜，
> 在前方的小溪里洗干净，洒上盐巴调咸淡，
> 再加上辣椒、大蒜、生姜、葱和酱菜，
> 大缸旁边的小缸，再加上坛子，

在向阳地上盖个棚屋，用稻草包起来深深埋在地底。

通过这首诗可以得知，腌制泡菜固然重要，但是为了保持味道不变，泡菜的保存也不可忽视。光是一个泡菜缸，也不是随便就能做出来的。必须等春天之际，冻土开始融化，取得松软的泥土之后，再在早春时节烧制成缸，如此一来才能够去除缸里的杂味。将泡菜缸埋在地底下之后，就像《农家月令歌》里所提到的一样，要先用稻草把泡菜缸包覆起来，然后，为了防止泡菜腐坏，要用石头或鲍鱼壳将泡菜压住，再盖上老菜叶，预防泡菜接触到空气。

但是，朝鲜时代的白菜叶片稀疏，叶片组织蔫然无力，而且不太结实，并不适合长期保存。而像开城地区腌制的越冬泡菜与包卷泡菜，或首尔腌制的整颗白菜泡菜等，这种内部结实的结球白菜是在一八五零年至一八六零年才从中国引进的改良品种。

成为夏季代表性泡菜的小黄瓜泡菜

用小黄瓜做的小黄瓜泡菜也是具有代表性的泡菜之一，而小黄瓜泡菜和白菜泡菜一样，都是到了19世纪才登场的。小黄瓜虽然早在3000多年前就已经出现在中国史的史料当中，但是，大部分都是以盐巴腌制的腌小黄瓜形态出现的。在高丽时代，朝鲜也有利用小黄瓜和盐巴制作成发酵食品的记录。其中，最具代表性的内容有两则，一个出现在前面所提过的由李奎报著述的《东国李相国集》里的《家圃六咏》中，另一个则出现在高丽高宗二十三年（1236年）出版，作者不详的《乡药救急方》之中。

　　一直到朝鲜时代后期，现今我们所熟悉的这种小黄瓜泡菜才终于面世。将小黄瓜切开，然后在小黄瓜中间加入用辣椒粉及各种调味料调制而成的馅料，这种形态的小黄瓜泡菜是祖先特有的创意作品。到目前为止，就我们所知的烹饪书中，最先介绍这种小黄瓜泡菜的书是18世纪作者不详的韩文手抄本《酒方文》。从这本书中我们可以得知，当时的小黄瓜泡菜并非像现在这样加入各种调味料的形态，而是只用大蒜作为主要的馅料。而更进一步的介绍出现在徐有榘的《林园经济志》里，其做法称为"黄瓜淡菹法"。书里描述的做法是在小黄瓜中间切三刀口，然后，将辣椒粉和大蒜放入使其入味。由此，终于可以确认小黄瓜泡菜是中间放入辣椒粉等馅料做成的泡菜。此外，依据19世纪末期的烹饪书《是议全书》内容来看，里面也介绍了和现今做法相同的小黄瓜泡菜，书中提到的制作方法是这样的：在生的小黄瓜里放入由辣椒粉和各种食材调制而成的馅料。随着这种制作方法的广泛流传，小黄瓜泡菜便成了最具代表性的夏季泡菜。特别是在盛夏时节，宗家会将这道具有代表性的泡菜呈到家中长辈的餐桌上，因此，小黄瓜泡菜的做法也跟着代代相传到现在。另外，朝鲜时代人们在制作小黄瓜泡菜时，并不是像现在这样把小黄瓜切成块状，而是从外侧划出长长的刀口，再把馅料放进去。而且，因为是夏季的食物，所以，为了防止腐坏，一次只会做出当天要吃的分量。再加上当时没有冰箱，因此，也会把装着小黄瓜泡菜的缸子浸泡在放了冷水的宽大瓦盆里。

　　综上所述，虽然辣椒在万历朝鲜战争之后就已经引进了韩国，但是，像现在这样用红色辣椒腌制的泡菜和小黄瓜泡菜则是在19世纪才出现的。而用各种辛香料完整腌制的整棵白菜泡菜，首次问世也不过距今 100 多年而已。

如果三国时代也能吃到泡菜的话？

　　有关韩国泡菜的最古老记录可以在《三国志·魏书·东夷传·高句丽传》里找到。记录中提及：高句丽人食菜蔬，"下户远担米粮鱼盐供给之"，"禽兽草木略与中国同"，"善藏酿（指盐藏一事）"。通过这个记录可以确认，在三国时代，人们已经将储存发酵食品这件事情融入了生活之中。不过，当时的泡菜还只是单纯用盐巴腌制的形态。在公元 600 年左右建造的百济弥勒寺址上，人们发现了一些高度 1 米以上的大型陶器，根据专家们的推测，在僧侣们的住处发现的这些陶器，可能是他们为了过冬所准备的泡菜缸。

　　另外，从深受三国文化影响的日本文献《正仓院文书》等资料来看，其中也记载着一种叫作"须须保利渍"的泡菜。这是一种利用盐和米粉将蔬菜腌制而成的泡菜，据说是一位名叫"须须保利"的百济人将其传入日本的。因此可以推定，百济时代的人们已经开发出了盐藏法和发酵食品，并且将其作为日常饮食。承袭悠久传统的泡菜有各式各样的种类，依照地区而有所不同，总共超过了 200 种。

　　★咸镜道：鲽鱼食醢、水萝卜泡菜、白泡菜、黄豆芽泡菜、雉鸡泡菜、萝卜叶泡菜。

★平安道：茄子夹馅泡菜、白泡菜、水萝卜泡菜、油渍白菜萝卜泡菜。

★黄海道：白菜萝卜泡菜、南瓜泡菜、香菜萝卜泡菜、水萝卜泡菜、南瓜泡菜、包卷泡菜。

★京畿道（包含首尔）：包卷泡菜、水参萝卜块泡菜、嫩萝卜叶泡菜、酱泡菜、小黄瓜泡菜、萝卜块泡菜、小萝卜泡菜、萝卜片水泡菜、牡蛎萝卜块泡菜、整棵白菜泡菜。

★江原道：海鲜泡菜、冬耕萝卜泡菜、萝卜干泡菜、鱿鱼丝泡菜。

★忠清道：牡蛎萝卜块泡菜、小萝卜泡菜、垂盆草泡菜、小黄瓜水泡菜、萝卜片水泡菜、嫩萝卜叶泡菜。

★全罗道：芥菜泡菜、苦菜泡菜、小苦荬泡菜、韭菜泡菜、水芹菜泡菜、牛蒡泡菜、黄豆芽泡菜、茄子夹馅泡菜、小黄瓜泡菜、整棵白菜泡菜、葱泡菜、芝麻叶泡菜。

★庆尚道：整棵白菜泡菜、豆叶泡菜、葱泡菜、小苦荬泡菜、苦菜泡菜、垂盆草水泡菜、水芹菜泡菜。

★济州道：鲍鱼水泡菜、济州岛白菜泡菜、油菜泡菜、海鲜泡菜。

菜单 2-3　地瓜

借由日本通信使引进的救荒作物

老板娘，
肚子好饿呀，
请给我来碗汤饭吧。

这该如何是好？
汤饭刚好都卖完了。

我已经饿到前胸贴后背了，
有没有什么可以先让我填饱肚子呢？

这么一来只剩地瓜了，
要不要蒸个地瓜给您吃呢？

当然好啰。
说到填饱肚子，
地瓜是最好的食物了。

也是，平时也经常
把地瓜当作正餐来吃呢。

突然想起了将地瓜引进我国的人，
真是感谢他呀，
那么就来说说这位先生的故事吧。

为了解决饥荒问题而引进的救荒作物——地瓜

深受全世界人民喜爱的地瓜，原产自美洲。由于哥伦布，这块原先欧洲人未知的新大陆开始展现在世人眼前。欧洲人在往返美洲的过程中，美洲的作物也传入了欧洲，最具代表性的作物有香烟、地瓜、可可豆、玉米及菠萝等。地瓜等这些作物在 16 世纪以前传入中国，并且开始在当地栽种。一五九零年，明朝李时珍编纂的医学百科全书《本草纲目》中，记载了多种地瓜，足以证明前述内容为真。朝鲜王朝虽然自建国以来就与明朝互有往来，但是，到了此时仍然未将地瓜引进国内。不，当时几乎可以说是不知道有这种作物的存在。相反，日本由于在很早以前就已经与葡萄牙和荷兰商人有所交流，因此，在往来的过程中他们自然而然得知了地瓜的栽培方法，在 17 世纪就已经开始种植地瓜来吃了。而朝鲜经历了万历朝鲜战争与丙子之役，虽然许多新的物产借由战争大量涌入，不过地瓜仍然没有进入朝鲜。

后来在 18 世纪中叶，地瓜才终于传入了韩国。虽然现今地瓜被当作一种健康食品或点心，但是当时，地瓜是作为救荒作物而被引进来的。在地瓜进入朝鲜的时候，国家正处于危急的状态。在无法与天灾抗衡的朝鲜时代，干旱持续了好几年，全国各地作物歉收，人们在极度的饥饿中煎熬着。在持续了几个月的饥荒之后，为了解决食物不足的问题，地瓜才被引进了韩国。在朝鲜时代，由于饥荒过于严重，因此经常会发生大人因为饥饿难耐而抛弃孩子的事情，对于朝廷而言，这是最棘手的一大难题。只要看了这篇实录记事就可以得知当时的情况。

全罗监司吴始寿驰启曰：

> 饥馑之惨，未有甚于今年，南土之寒，亦莫甚于今冬。饥
> 寒切身，相聚为盗。家有担石者，辄遭劫掠之患，身着一褐者，
> 亦被锋刃之祸，甚至发冢剖棺，掘出薰葬，偷取敛衣。丐乞之
> 徒，皆以编薰，掩其腹背，缕命虽存，鬼形已具，到处皆然，惨
> 不忍见。近营之邑，冻死之数，至于190名之多，而赤子之弃
> 沟投水，无处无之。有罪者，不以凶年而废囚，一入图圄，罪
> 无大小，相继冻死，其数无算，而疠疫又炽，死者已至670余
> 人云。
>
> ——《显宗实录》，第19卷，显宗十二年（1671年），一月
> 十一日第1篇记录

大饥荒接连不断，百姓们为了觅食而不惜犯下偷窃的罪行，甚至
挖掘坟墓偷取寿衣。因为粮食不足而将年幼的孩子扔到沟渠或河里的
事情也已经屡见不鲜。但令人吃惊的事还不只如此，当时竟然还发生
过饥饿难耐的母亲把自己孩子吃掉的人间惨事。

忠清监司李弘渊驰启曰：

> 连山私婢顺礼居在深谷中，杀食其五岁女三岁子，同里人，
> 闻其传说之言，往问真伪，则答以："子女因病而死，大病饥馁
> 中，果为烹食，而非杀食"云……

——《显宗改修实录》，第 23 卷，显宗十二年（1671 年），三月二十一日第 3 篇记录

虽然并不是像对待牛猪似的宰杀后食用，但是当人饥不择食时，确实有将自己孩子吃掉的事情发生。在朝鲜后期，像这样的大饥荒接连来临，朝廷为此感到焦头烂额，荒年一直从仁祖、显宗、肃宗、英祖延续到纯祖时期。统治国家的君王以及辅佐君王的大臣们心里都充满了烦恼和担忧，绞尽脑汁想要找到可以拯救饥饿百姓的办法。

就在这个时候，肩负日本通信使任务的赵曮，从日本回国的时候，带回了让百姓们摆脱饥荒的办法。其办法正是引进地瓜。因带回地瓜解决饥荒问题而立下汗马功劳的赵曮，曾是担任过各种要职的权贵显要。他在担任庆尚道观察使期间，功绩卓越，表现出色，获得了百姓们的盛赞。举例来说，他免除了庆尚道管辖境内 1 万多名寺奴婢的税金，对遭受旱灾的农田也给予税金减免。由于他善治善能，处理业务明快利落且卓然有成，深受当地百姓的信赖，因此，英祖便将赵曮召回朝廷，并且赋予他重要的官职。其后，在一七六三年赵曮被任命为通信使，奉命出使日本。

同年八月，赵曮身为 447 名通信使使节团的首长，在前往日本之前拜见了英祖并且向他辞行。英祖亲自在绸缎上给赵曮写了"好往好来"四字御笔，祝福他出使日本一路平安。虽然现在从韩国坐飞机到日本用不了 1 小时，但是在朝鲜时代，经由釜山前往日本却需要花上几个月的时间。赵曮的使节团也是如此，他们于一七六三年十月六日

赵晔墓碑：这是朝鲜后期文臣文翼公赵晔（1719—1777 年）的墓碑。赵晔在英祖时期曾经担任通信使出使日本，带回了地瓜解除饥荒危机，为国家立下了不少功劳。
资料来源：韩国文化财厅

从釜山出发前往日本，又于一七六四年六月返回釜山。和之前担任日本通信使的官员一样，赵晔每天都会写下记录。他以这些日记为基础，再加上他在旅行途中所写的诗句，到访日本各处的见闻，上呈给英祖的报告书，带去日本的礼物和答谢品，以及与日本文人们的交流等内容，结集起来完成了一本名为《海槎日记》的著作。这本《海槎日记》详细记录了赵曮抵达对马岛的时候初次见到的作物，而那种作物正是地瓜。赵曮一行人于一七六三年十月访问了对马岛的佐须浦，他在这里看到了一种神奇的作物，并且把它记录了下来。他写道："这座岛上有一种可以食用的根茎类植物，叫作'甘薯'或'孝子麻'。日文发音为'古贵为麻'，形状不一，或似山药，或似菁根，或似瓜，或似芋。"另外，赵曮针对吃地瓜的方法还做了详细的记录。"……可生食，也可烤或煮。和米作粥，或作饼，或和饭，无一不可，是最好的救荒粮食。"

想必赵曮在写这篇文章的时候，内心一定充满了喜悦和希望。身为代表朝鲜的官吏，在远赴他国执行任务的过程当中，竟然发现了一种可以救济祖国饥饿百姓的食物，他当下该有多高兴！赵曮当即购买了数十升的地瓜种子，并立即派人将其送回了釜山，并且劝说人们尝试种植。在时隔9个月再次回到釜山之后，他把当初担任东莱府使时吃同一锅饭的衙役们召集起来，把地瓜的种子分发给了他们，嘱咐他们要好好栽培。赵曮把他在对马岛上详细记录的地瓜种植、栽培以及储藏方法全部教给了东莱府的人。另外，他还把地瓜的种子送到了与对马岛有着相似土壤和气候的济州岛进行培育。关于"地瓜"名称的来源有几种说法：一种是因为地瓜是一种味道甘甜的根茎类植物，所以用代表甜味的"甘"字将其取名为"甘薯"；另一种是因为地瓜是由赵曮带来的，所以岛上的人们又称它为"赵薯"；第三种是因为这是在南方引进的作物，所以也叫作"南薯"。

起初，赵曮刚将地瓜带回来的时候，采用的种植方式是直接将地瓜种在土地上。但是，以这种方式种植的话，地瓜很容易在发芽之前就腐烂。因为这是一种对百姓而言全新的作物，所以，需要有一本书来教导他们简单的栽培方法。虽然将地瓜引进朝鲜的人是赵曮，但是将地瓜的栽培方法、收获季节以及种子的保存方法等详细写下来，并编撰为《甘薯谱》的人则是姜必履。姜必履于一七六四年八月首次赴任东莱，当他看到前任府使、现任日本通信使的赵曮从日本带回来的根茎类植物时，他觉得十分神奇，于是开始观察这种作物。待作物收获后一看，他发现果真如赵曮所说的，地瓜不仅吃起来口感甘甜、营养丰富，而且还是一种能够替代粮食，拯救百姓免于饥饿的优秀救荒作物。一喜之下，姜必履"啪"的一声拍了一下膝盖，他认为，这正是上天为了救济饱受饥荒之苦的百姓而赐予的礼物。于是，他开始把地瓜从栽培到收获的一整套方法系统性地记述下来，完成了《甘薯谱》这本著作。令人遗憾的是，《甘薯谱》这本书并没有流传下来，其中的详细内容只能通过外页脱落且作者不详的《甘薯种植法》来加以推测。《甘薯种植法》中介绍了"朱薯""番薯""红山药"等名称，虽然同为地瓜，但是却有不同的叫法，内容非常有趣。

《甘薯种植法》中还记载着，与一般植物相比，地瓜确实有其特殊优异之处。例如，地瓜的单位面积产量高，口感佳，对人体健康有益；而且，地瓜茎叶覆盖着土地，根茎往下扎根，因此，在风雨来临时可以防止土壤流失；并且，地瓜在荒年歉收之际可以取代稻米成为救荒作物。另外，地瓜还可以用来酿酒，且耐虫害，不需要经常除草，生吃或熟食皆可，而且吃了之后很容易产生饱足感。除此之外，书中还详细介绍了在没有冰箱的时代让地瓜保鲜不腐坏的储藏方式。书里写道，最好的方式是埋在地底保存，或者是将地瓜用稻草包起来安置在温暖的房间里。该书的最后还介绍了"救荒植物利用方法"，在饥荒来袭的时候，跟地瓜一样可以代替稻米的植物种类如下：松树的树皮、松脂、芋头、萝卜、大枣、松子、榛子、小麦、千金草以及青粱米等。由此内容可以得知，朝鲜时代干旱问题十分严重，为了让饥肠辘辘的肚子得到缓解，人们会将松树的外皮剥下来吃，也会把松脂粉末用水泡着吃来果腹。在赵曮将地瓜引进朝鲜 14 年之后，北学派巨匠"燕岩"朴趾源撰写的《北学议》中，也记载了与地瓜有关的内容，因此，此书备受人们的关注。书中提到，朝廷鼓励百姓在汉城的箭串与栗岛两地大量种植地瓜，由此可以推测出，仅仅十几年的时间，地瓜就传到了中部地区。

沦落为贪官污吏的经济作物

但是，在地瓜引进 30 年后的正祖时期，根据曾经担任过湖南慰谕使的徐荣辅观察结果，有百姓们排斥种植地瓜的现象存在。徐荣辅在上呈的报告中写道，这是由于官僚的横征暴敛。一开始在推广地瓜的时候，百姓们争相种植且受益匪浅。但是没过多久，贪官污吏与衙役们在得知地瓜的好处之后，纷纷要求百姓上交数量庞大的地瓜，更有甚者直接将百姓收成的地瓜洗劫一空。他在报告中也写道，就算辛勤耕耘，收获的地瓜大部分也会被官吏夺走，所以，农民们不愿意继续种植。因此，即使干旱再度来临，人们也找不到可以当作救荒作物的地瓜了。朝鲜后期的正祖被后世誉为"圣君"，若是连正祖时期的情况都已经如此严重的话，那么在对人民掠夺剥削达到极点的势道政治时期，情况会恶劣到什么程度，大概就可想而知了。

但是，仍然有一部分人为了鼓励农民栽种地瓜而努力不懈。进入19世纪之后，为了更广泛地普及推广地瓜的栽培方法，《甘薯新谱》和《种薯谱》等农学书相继出版。在《增补山林经济》卷2当中，作者将与地瓜相关的知识做了一个全盘的统整。若是仔细阅读其中的地瓜种子保存方法的话，可以得知，在冷藏设备不发达的时代，我们的祖先汇集众人的智慧开发出了各种保存方法，其内容相当有趣。依据《增补山林经济》中的地瓜储藏法，也就是藏种法，用来当作种子的地瓜必须在霜降之前采收。选择地瓜中形状较为完整的作为种子，仔细洗净晾干后，将其放入地窖、网袋、缸或者盆中保存。制作储藏地瓜用的地窖时，不只是单纯挖个坑洞而已，而是必须先在向阳的地方挖个坑洞，然后，将晾干的稻草和荞麦放进去，接着，再把剩余的干草枯枝放入。最后，将黄土用粗筛子（筛箩）筛过，铺在最上面，将地瓜深藏在其中好好保存。书中还写道，此时不可以让地瓜互相触碰，另外，为了防止下雨的时候雨水渗入，还必须在上面建造一个厚实的屋顶才行。放入用干稻草编织而成的网袋中保存的时候，要先将干草切碎再放入，然后才可以将地瓜放进去，网袋要挂在温室亦即温暖房间里的墙壁上。若是要放在缸里或盛满水的盆里保管时，必须将开口部分紧紧盖上。也有一种做法是，将泥土放入盆里，然后再把地瓜放进去，最后，同样要放到暖房里安置。偶尔打开查看一下，若是泥土过于干燥的话，就得更换新的泥土才行。

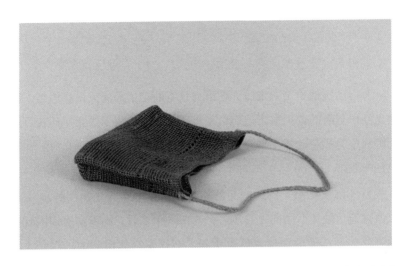

网袋：这是用草（莞草）编织而成的袋子，主要用来装物品或扛在肩膀上搬运东西。大部分是用来放置与农事相关的物品。
资料来源：韩国国立中央博物馆

　　不过，地瓜最后没能发挥救荒的作用，反而被当成了特殊作物来栽培，成了比一般粮食收益多10倍的经济作物。成为经济作物，就意味着只有富人才有能力购买。虽然有很多人想要让地瓜成为救荒作物，大力地推广普及，朝廷也出面鼓励百姓在全国各地进行栽种，但是，最后并没有取得太大的成效。19世纪最具代表性的百科全书，也就是李圭景在一八三七年撰写的《五洲衍文长笺散稿》中，关于地瓜的记载就提到，地瓜虽然从初次引进至今已过了80多年，但是，它仍然未能完全推广到畿湖地方，无法发挥救荒作用。越是深入探讨朝鲜历史，就越能窥见贪官污吏们层出不穷的野蛮行径，一想到百姓因难以承受而灰心失落的模样，就不免感到一阵心痛。

朝鲜的文化使节团——通信使

万历朝鲜战争结束之后，朝鲜与日本断绝了邦交关系。但是，新建立江户幕府的德川家康迫切希望重新建交，他表示愿意送还在万历朝鲜战争时抓获的数千名俘虏，以表现他的诚意。于是，光海君在宣祖四十二年（1609 年）与日本签订了《己酉觉书》，再度缔结邦交。从签订《己酉觉书》的前两年开始到一八一一年为止，朝鲜总共 12次派遣通信使使节团前往日本。一八一一年之后，随着幕府锁国政策的强化，通信使的派遣也就此中断。在这里需要留意的一点是，第1 次到第 3 次的使团名称并不是"通信使"，而是叫作"回答兼刷还使"。这是因为是日本先向朝鲜要求恢复邦交的，所以朝鲜才会予以回答，而议和的先决条件就是"刷还"在万历朝鲜战争时被抓走的俘虏。从第 4 次开始，使团的名称改为"通信使"，派遣的性质是"将军袭职使节团"，为了祝贺江户幕府的新任将军继承大位，朝鲜派遣使团携带国书和礼单谒见幕府将军。在这样的过程中，朝鲜向日本传递了各种不同的文化，也从日本带回了全新的文化。日本对朝鲜通信使主动表现出了极大的善意，这一点从宣祖四十年（1607 年）朝鲜初次出使日本的记载即可看出。使团人员有正使吕佑吉、副使庆暹、从事官丁好宽加上同行的人员总共 504 名，听说，当时留下了一段幕府将军亲自用筷子替他们夹菜的逸事。通信使团在抵达日本之后受到了尊重，并受到了隆重的接待，因此，在踏上归国之路前，同行的文人必须马不停蹄地书写文章，而图画署出身的画家们则必须画图画到身体不支倒地为止。图画署的画家中也包括金弘道在内。

　　迎接通信使一行人这件事，对日本来说无异于举行一场盛大的庆典。这是因为身为一个岛国，日本对外来新文化有着很大的期待。为了迎接通信使团而编排的传统民俗舞蹈"唐人诵"，至今仍然在日本流传着，现在也还看得到实际的演出。通过这些事情，我们可以得知通信使对日本产生了很大的影响。

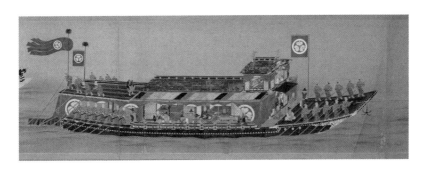

装载着朝鲜国书越过日本江河的船只：虽然无法明确得知这是在描绘第几次派遣的通信使，但是可以看到通信使一行人搭乘着船，恭敬地端着朝鲜君王的国书越过大阪淀川的场景。
资料来源：韩国国立中央博物馆

菜单 2-4　马铃薯

搭乘西方远洋船只而来的大众食物

老板娘，
是不是因为我酒钱不够，
所以只给我炖马铃薯当下酒菜呀？

这位没钱的大爷呀，
有炖马铃薯吃，
就已经要偷笑啦。

马铃薯这种食材，
应该不是拿来做下酒菜的吧？

幸亏你还知道这一点，
用马铃薯来填饱肚子的人，
还多的是呢。

这句话正好是我想说的，
曾经有人因为马铃薯而摆脱了难缠的小偷，
我来说说他们的故事吧。

至少先付个酒钱吧，
别妄想用故事来抵债，
啧啧。

通过陌生人引进的救荒作物——马铃薯

马铃薯和地瓜的原产地都是美洲。南美洲的安第斯山脉地区从7000年前就已经开始种植这种作物了。16世纪之后，欧洲人入侵美洲大陆并且建立了殖民地，他们在当地看到原住民吃马铃薯，才知道原来这是一种可食用的作物。但是，马铃薯的外形凹凸不平，看起来不怎么吸引人，所以，并没有受到欧洲人的关注。法国甚至还下达了法令，明文写着吃马铃薯会得麻风病，并禁止人们食用。后来，英国将爱尔兰变成了他们的殖民地后，强行掠夺了爱尔兰的小麦等大部分粮食，因此，爱尔兰人唯一剩下的食物就只有马铃薯了。但之后，马铃薯得了一种叫作"枯萎病"的传染病，在一八四五至一八五二年这7年间，俗称"马铃薯饥荒"的灾害席卷了整个爱尔兰。而英国的维多利亚女王为了报复爱尔兰的反抗斗争，不仅没有给予帮助，甚至还阻止爱尔兰从他国进口替代食品。在饥荒期间，爱尔兰有25%的人死于饥饿，100多万人背井离乡，登上了前往美洲避难的移民船，但是，大部分人还是无法熬过饥饿和病痛的折磨，最终仍然避免不了死亡。目前，在爱尔兰首都的都柏林港入口处矗立着雕塑家罗恩·吉莱斯皮创作的雕塑作品《饥荒》。作品中，骨瘦如柴的一家人为了搭乘移民船，一步步艰难地挪动着脚步。除了爱尔兰以外，对欧洲很多国家来说，马铃薯都是重要的粮食。在英国工业革命时期，为了减少工人的伙食费支出，政府鼓励劳动者用马铃薯来取代其他食物。因此，在以凡·高为首的印象派画家的作品当中，经常可以看到一家人聚在一起吃马铃薯的情景。

《饥荒》(*Famine*)：一九九七年雕塑家罗恩·吉莱斯皮（Rowan Gillespie）完成的青铜雕塑作品，描述爱尔兰马铃薯饥荒时的情况。

这里之所以会提及关于马铃薯的辛酸的世界历史，是因为这样的悲伤故事在东西方皆是相同的。在日本帝国主义强占时期，韩国也因为"稻米增殖计划"而遭到日本的大量掠夺，百姓们为了活命只好以杂粮维生。因为此计划的实施必须开垦新的土地，所以人们前往间岛 [1]，在这块不毛之地上为了求生苦苦挣扎，当时也只能用马铃薯来填饱饥肠辘辘的肚子了。在一九二零年末到一九二一年初，日本帝国主义为了展开对"青山里抗日大捷"的报复，发起了屠杀行动，史称

---

[1] 所谓"间岛"，原名垦岛（因大批朝鲜移民越界垦荒而得名），最初仅指被朝鲜人占垦的图们江北岸中国假江滩地，自古属中国领土。由于图们江水长期冲刷，致该滩地介于江中，四面带水，成为"间岛"。

"间岛惨变"，住在当地的居民惨遭日本军方残酷而无情的杀戮。那么，曾经是庶民食物的马铃薯究竟是在什么时候传入朝鲜的呢？关于这个问题，目前有各式各样的说法。其中一个说法来自自称"看书痴"（只会读书的傻子）的李德懋孙子李圭景，他编著的 19 世纪最具代表性的百科全书《五洲衍文长笺散稿》中曾经论及此事。书中提到，据说马铃薯是在宪宗时期的一八二四年至一八二五年间首次进入朝鲜的。传说，从前清朝人因为要挖掘人参而偷偷进入朝鲜，在深山中徘徊，为了解决在山里吃饭的问题，他们种植马铃薯并将其作为主食。李圭景将这些人称为"采参者"。他们越过国境回到清朝之后，本地的农民无意间在田垄里发现了剩余的马铃薯。农民把这些长得像芋头似的作物移到田里种植，发现即使没有特别花心思照顾，这些作物也能够好好地繁殖，因此，他们就自然而然地开始种起了马铃薯。而且，马铃薯在煮熟之后吃起来味道也不错，又能填饱肚子，拿来取代正餐也没有问题。人们把几个马铃薯蒸熟之后放在口袋里，在田里干活时若是感到饥饿，就可以从口袋里拿出来吃，这种消除饥饿的满足感就像是拥有了全世界似的。马铃薯蒸熟的时候热气腾腾的，看起来美味诱人，而且，吃的时候也不需要筷子和汤匙，直接拿在手上吃就可以了。朝鲜人向清朝商人询问该作物的名字，才知道原来这是北方的甘薯，此后人们便以"北薯"来称呼它，后来北薯被广泛地用来当作粮食的替代品。李圭景在写《五洲衍文长笺散稿》的时候，马铃薯才刚传入朝鲜 20 多年。与地瓜不一样，马铃薯的繁殖力非常强盛，只要把根茎部分移植到田里，很容易就可以种植出来。因此，人们便在韩半岛的北部全境扩大栽培，在符合马铃薯生长条件的江原道更是特地广泛栽培。当荒年来临之际，多亏在扬州（杨州）、原州以及铁原地区贮存的这些马铃薯，百姓才能够免于饥饿之苦。

　　李圭景在书中也记载了关于马铃薯由来的不同说法。住在咸镜道明川府的观相士金某在前往燕京的时候，取得了马铃薯的种子并把它带了回来。就像印证李圭景的记录似的，这里提及的马铃薯也称为"北薯"或"北甘薯"。因为地瓜是从日本进口的，所以叫作"南薯"；而马铃薯是从北方传入的，所以才会有这样的名称。不过，就像地瓜有各式各样的名字一样，马铃薯的名称也不止这些。由于它是从土地上长出来的，因此也叫作"地薯"；它乍一看也很像挂在马匹上的铃铛，所以又叫作"马铃薯"；就清朝人吴其浚在一八四八年发行的药用植物书《植物名实图考》来看，马铃薯则又称为"阳芋"。另外，马铃薯还有一个名称叫作"洋薯"，因为有人认为它不是从北方传入，而是由搭着远洋船只的西方人带来的，为了应其说法而给它取了这样的名字，该内容记载于一八六二年金昌汉著述的《圆薯谱》当中。金昌汉跟着他的父亲，从小居住在西海岸的全罗北道沿岸一带，纯祖三十二年（1832 年）时，当地出现了一艘从英吉利国（也就是现今的英国）来的船只，船上人员要求与朝鲜进行通商，并且在海边靠岸停泊了 1 个月左右。当时马铃薯已经传入朝鲜有七八年的时间了。不过，由于当时通信不发达，因此，即便咸镜道地区已经开始生产马铃薯，南部地区也有可能还不知道这种作物的存在。在这一个月之间，金昌汉的父亲与搭着外国船只来的西方传教士频繁接触。西方传教士为了抓住当地居民的心，不但将马铃薯的种子分送给他们，而且还教导他们栽种的方法。金昌汉的父亲便将马铃薯的栽种法向周围的人广为宣传，因此，马铃薯很快就传到了各地。金昌汉将父亲这种成功的马铃薯栽种法做了系统性的整理，编写成了《圆薯谱》一书。

郭士立：他是在德国出生，在东亚地区活动的传教士。著作有《1831—1833年在中国沿海三次航行记——暹罗、朝鲜、琉球群岛之考察（1834）》等书。

专家们认为，该船即纯祖三十二年首次在朝鲜露面的英国船只"阿美士德勋爵号"（Lord Amherst），而将马铃薯栽种法介绍给金昌汉父亲的传教士则是隶属于荷兰教会的郭士立（Karl Friedrich August Gützlaff，1803—1851 年）。他是第一位来到朝鲜的传教士。这么看来，关于马铃薯传入朝鲜的"北方说"和"南方说"，两种论述似乎都很有说服力。

正式开始占据一席之地的庶民作物

马铃薯和地瓜一样都是很好的救荒作物，但是，它也同样步了地瓜的后尘，在朝鲜官员的干预之下，马铃薯的栽培与发展受到了阻碍。官员们明明知道马铃薯的优点，却担心农民只栽种马铃薯，而不愿意种植其他作物，因此就下达了禁止种植马铃薯的命令。而在咸镜道茂山担任首领的李亨在却认为，若是好好栽种马铃薯，那么在饥荒来临之际，它就可以成为一种很好的救荒作物。因此，他向农民们讨取马铃薯种子，可是却没有人愿意提供。因为农民们担心如果交出马铃薯种子，他们就会违反禁止种植马铃薯的法令。无奈之下，首领李亨在只好用当时价格昂贵的盐来向农民换取，最后总算取得了马铃薯种子。在他的努力之下，包括咸镜道在内的韩半岛北部才得以扩大马铃薯种植的范围。

另外，根据一九一二年发行的《朝鲜农会报》七月号，马铃薯是在一八七九年由传教士传入汉城，并且从一八八三年开始栽种的。马铃薯比地瓜的扩散速度更快，种植方法也更加简便，因此，在日本帝国主义强占时期是总督府重点推广的农产品。第一次世界大战之后，日本因为稻米价格上涨而发生了暴动，于是，他们强制要求朝鲜增加稻米产量，然后将这些稻米全数运回日本。朝鲜人因为稻米不足而饱受饥饿之苦，所以，朝鲜除了从间岛进口杂粮之外，也在政策上鼓励人民种植马铃薯。此时，日本帝国主义大力推广的是一种叫作"男爵"品种的马铃薯。这种马铃薯原先是美国品种，后来进口到了英国，日本一位名叫川田的男爵首次将它从英国引进日本的北海道，因此，这种马铃薯就被命名为"男爵"。男爵马铃薯是一种粉质马铃薯，煮过之后外皮会脱落，吃起来口感松软而味美。但是在韩国解放之后，另外一种叫作"秀味"的美国品种马铃薯取代了粉质马铃薯，开始在韩国土地上大量种植，这是一种具有黏稠口感的蜡质马铃薯。年长的人多认为，比起这种蜡质马铃薯，从前的粉质马铃薯更加美味，他们经常会想念日本帝国主义强占时期曾经种植过的那种马铃薯。不过，其实那种马铃薯只是日本帝国主义为了施行政策而推广的品种，并不是人们从朝鲜时代就开始栽培的品种。

另外，由于马铃薯适合在阴凉之处生长，在那里长出来的个头也会更加壮实，因此，人们是以在江原道高寒地区栽培的马铃薯为种子，再普及推广到全国各地的，而江原道当地生产的马铃薯更是全国首选的特产。江原道地区之所以会开始种植马铃薯，是因为原先人们为了对抗饥荒而采用刀耕火种法，以砍伐及焚烧林地植物的方式来获得耕地，或是在深山中寻找可以耕种的地方，但是他们仍然无法取得足够的粮食。因此，他们才开始以马铃薯来取代其他作物，使其成为主要的食物来源。现在，全韩国马铃薯的生产总量当中，江原道就占了 33%，是全国生产量最高的地区，排名第二的则是占 22% 的济州岛。马铃薯在济州岛又称为"地实"，济州岛当地所产的马铃薯会被当作特产提送到汉城。而郁陵岛因为地形特殊，岛上不易种植稻米，因此，从人们开始集中搬迁到岛上的 19 世纪 80 年代起，岛民就以玉米或马铃薯为主食，而郁陵岛著名的郁陵红马铃薯也就此诞生。目前，野生品种的郁陵红马铃薯产量不多，只有少数几个地方还在勉强种植而已。

首次向朝鲜要求通商的外国船只——"阿美士德勋爵号"

从《朝鲜王朝实录》中可以看出，19世纪之前朝鲜曾经多次出现过被描述为有奇异外形的外国船只。这些船只并不是把朝鲜当作中途停靠的港口，而是因为遇到暴风雨才漂流过来的。但是，纯祖三十二年（1832年）出现的英国商船"阿美士德勋爵号"（Lord Amherst）却是为了正式与朝鲜进行通商远道而来的船只，是目前文献中记载的"朝鲜历史上最初要求通商的西洋船只"。67名人员搭乘的这艘500吨级的英国东印度公司所属的商船，其船舱达3层之高，而且配有4艘小艇。"阿美士德勋爵号"在六月二十一日到达黄海道梦金浦，与衙役们进行笔谈之后再度南下，于六月二十六日抵达忠清道洪州古代岛的安港（现在的忠清南道保宁市鳌川面）。这趟航行的领导人胡夏米（Hoo Hea Mee）将望远镜、金纽扣、毛织品、书等礼物送给了洪州的牧师李敏会，同时也将信函呈交给了朝鲜君王，请求朝鲜开放门户并签订贸易协议。他们要求将自己带来的西洋布、西洋织物、琉璃器皿以及月历等物品，与朝鲜的矿物和大黄等药材进行贸易。但是，朝鲜政府表示自己是清朝的藩国，所以在未得到中国皇帝的允许下，无法与他国进行交易，因此拒绝了他们的要求。然而，实际上朝鲜政府是因为觉得没有必要与航程相距数万里的英国做交易，所以才会予以拒绝。不过，胡夏米等人还是把书等物品送给了泰安舟师仓里的居民，试图与他们进行对话，因此，也有人认为马铃薯是在此时传入的。最后，交涉失败的"阿美士德勋爵号"在七月二十日离开了朝鲜，而他们原先准备要呈给朝鲜君王的奏文和礼物，就这样原封不动地被带了回去。今日，崇实大学附属的韩国基督教博物馆里还收藏着"阿美士德勋爵号"的翻译官，同时也是朝鲜最早的传教士郭士立所记录的《阿美士德勋爵号航海记》。

菜单 2-5　炸酱面

承载着朝鲜近代伤痛历史而诞生的食物

老板娘，
那个乌漆墨黑的东西是什么？

这是一种中国人制作的酱料，
名字叫作春酱。

原来是中国人做的酱料啊，
还蛮符合我们胃口的嘛，
请问你有吃过炸酱面吗？

炸酱面？是中国食物吗？
我还是第一次听说呢。

口味甜滋滋的相当美味，
那个本来是中国人为了卖给我们
所做出来的饮食。

不是中国人自己
本来就有的食物吗？

什么中国食物，
我来跟你说一段
关于炸酱面诞生的秘密吧。

只有韩国才有的中国食物——炸酱面

炸酱面这个名字是从中国原有的食物名称而来的。也就是"把酱炸过后淋在面上一起吃"的意思。但是,中国的炸酱面和韩国的炸酱面在味道上确实有明显的差异。在中国山东地区吃的炸酱面的做法是,面煮好之后先用冷水冲一下,再淋上中国式的酱料一起拌着吃。与此相较,韩国的炸酱面则是把浓稠且带有甜味的酱汁淋在刚煮好的热腾腾的面条上,然后一起拌着吃。要说的话只有一句,那就是"中国并没有这样的炸酱面"。韩国炸酱面是用依据韩国人口味特别开发的春酱制作而成的,春酱之所以会带着光泽和甜味,是因为它将中国酱料甜面酱的焦糖酱汁与水分混合得恰到好处。韩国炸酱面的历史并不是很长,一直到一九七零年左右,炸酱面都还只是在入学典礼、毕业典礼或生日时偶尔才会吃的食物。但是,在炸酱面诞生的故事中,却包含着令韩国人惆怅的近代化历史。现在就让我们来了解一下,炸酱面的登场,究竟有着什么样的时代背景。

在 19 世纪势道政治时期,在腐化堕落的政治当中,朝鲜逐渐失去了自生的能力,后来,在兴宣大院君掌权后,朝鲜似乎稍微恢复了王权,也填补了原先已经见底的国家财政。然而,当西方帝国主义正在一步步侵袭亚洲时,当朝却没有正确解读当时的情势。在兴宣大院君执政的 10 年间,朝廷一直坚持奉行锁国政策,牢牢地关上了国家大门,拒绝与其他国家通商往来。在"丙寅洋扰"中,法国军队登陆江华岛击败了朝鲜军队,其后,美国与朝鲜发生冲突并派兵登陆朝鲜而引发了"辛未洋扰"。在这两个事件之后,朝鲜更进一步加强警

加德岛斥和碑：兴宣大院君为了提高百姓对西方势力的警戒心，下令在全国各地建造了斥和碑，这是其中一个位于釜山加德岛的斥和碑。
资料来源：韩国文化财厅

戒，在全国各地竖立了"斥和碑"，上面刻着："洋夷侵犯，非战则和，主和卖国，戒我万年子孙。"过去，人们把兴宣大院君的外交政策称为"锁国政策"，但是，为了反映最新的研究，近来的韩国教科书以"通商修交拒否政策"来取代封闭意味较为强烈的"锁国政策"。在紧闭国门的 10 年里，世界发生了日新月异的变化，可是，朝鲜却依旧沉浸在民族自豪感之中。在这种情况下，兴宣大院君退位，王妃闵氏（死后追封为"明成皇后"）的外戚骊兴闵氏掌权执政。此时，日本挑起了"云扬号事件"，事后，两国签订了《江华岛条约》，朝鲜从此被迫开启了国家大门。虽然《江华岛条约》是朝鲜与外国最早签订的近代条约，但是对形势堪忧的朝鲜而言，这是因受到日本胁迫而签下的不平等条约，其内容都是单方面有利于日本的。在丙子之役后，清兵击败朝鲜，因此，朝鲜开始以清朝的藩属自居，并且自称为"藩国"，熟知此事的日本在《江华岛条约》的第 1 款即表明："朝鲜国自主之邦，保有与日本国平等之权。"由此，日本显露出了其侵占朝鲜的野心。日本在签订《江华岛条约》时，已经失去了最起码的良心和底线，在通商章程中采取了零关税政策。日本还要求朝鲜同意日本船舶自由进出朝鲜海域，并同意日本拥有随时审其位置深浅的海岸测量权。另外，日本要求朝鲜开放 3 个在政治军事上最重要的要塞，并且，居住朝鲜的日本人即使犯罪也依然可以适用日本法律，等于要求朝鲜承认其领事裁判权。

利用"壬午军乱"让朝鲜归属于己的清朝

朝鲜在和日本签订近代条约之后打开了门户。而清朝在经历鸦片战争（1840—1842 年）后被西方帝国主义势力夺走了各种权利和租借权，清朝担心就连自己的附属国朝鲜也会被日本夺走，因此产生了危机意识。清朝在摸索各种方法的同时，虎视眈眈地等待着时机到来，试图一举夺回被日本抢走的先机。此时，让清朝重新坐上宗主国宝座的事件正是在一八八二年发生于朝鲜的壬午军乱。由于旧式军人认为朝廷对新式军队别技军特别重视和优待，因此他们对于这样的差别待遇感到不满，进而引发了壬午军乱。当时，朝廷已经拖欠了旧式军人足足 13 个月的军饷。前面提到，兴宣大院君力行勤俭节约，强力施行各项开源节流的政策，好不容易才得以确保国家财政富足。但是，在兴宣大院君下台之后，由闵氏政权执政不过 10 年的时间，国家财政又再度面临枯竭。究竟造成财政危机的原因是什么呢？这是因为高宗和王妃闵氏的骄奢淫逸，以及闵氏政权的政治腐败：出卖官职爵位以聚敛钱财。黄玹所著的《梅泉野录》记载，喜爱玩乐的高宗在摄政王兴宣大院君退位之后，宣告今后他将事事亲政，但此后，他"每夜曲宴淫戏，倡优、巫祝、工瞽歌吹媟嫚，殿庭灯烛如昼，达曙不休"。另外，王妃闵氏为了替身体羸弱的嫡子祈求健康，要求全国八道的名山准备祭品并举办法会。高宗和王妃每天奢侈度日，挥金如土，内需司提供的物资已经不足以应付，因此，他们公然挪用户曹和宣惠厅的公款，用于自身的享乐。另外，黄玹在《梅泉野录》中也曾说道："明成后，患用绌，遂卖守令，使奎镐。"意指王妃闵氏因财政不足而命令闵奎镐卖掉首领位置以换取钱财。据说，闵奎镐认为出卖官职会使当地百姓受到更加沉重的盘剥，因此特意抬高了价格，将首领位置的卖价由 1000 两黄金调高到了 2000 两黄金，不过，首领的位置仍然被抢购一空。买了首领官职的人开始残酷地剥削百姓，闵奎镐得知此事之后捶胸顿足，后悔不已。壬午军乱是在这个事件 8 年之后才发生的动乱，朝鲜的财政连年赤字，所以，当时更不可能有多余的经费去支付给旧式军人。但是，由两班贵族子弟组成的新式军人别技军，不但发放了新式军服并配备了先进武器，而且还享有丰厚的军饷，因此，旧式军人的心中积怨不断。

就在这个时候，终于从全罗道来了一艘税谷船，朝廷决定给已经

连续 13 个月没有领到饷米的旧式军人发放 1 个月的军饷。旧式军人
带着喜悦的心情前往领取，但是，分发饷米的宣惠厅堂上官闵谦镐贪
污腐败，不但指示下属在粮食中掺杂糟糠和沙石，而且粮食分量也不
过只有原先的一半。针对此事，炮兵金春永及柳卜万等人去向库吏理
论并且发生了冲突。可是后来，朝廷却将出来抗议的旧式军人关进了
监狱，还下令处决他们，于是旧式军人积怨爆发，并引发了暴动。担
心无法收拾残局的旧式军人前往兴宣大院君的住处请求协助，而试图
干预政事的兴宣大院君则准备利用士兵们的反抗情绪夺回政权。旧式
军人依照兴宣大院君的指示杀死了闵谦镐和日本教官堀本礼造。为
了追究这一切的责任，景福宫内乱成一团，旧式军人四处搜寻王妃
闵氏的踪影，但是王妃闵氏早已换上宫女的衣服逃到了宫外。事态
扩大之后，高宗接受了旧式军人的强硬要求，宣布由兴宣大院君重
新摄政。他执政之后做的第一件事，就是全面废除先前实行的开放政
策，再度为国门上了一道锁。然而，他并没有找到下落不明的王妃闵
氏，在不得已之下，只好宣布闵妃已经死于动乱之中，并用空空如
也的棺材发布了国丧。逃到忠州长湖院的王妃闵氏听到这个消息之
后，非常憎恨她的公公，但是也只能压抑愤怒的情绪。兴宣大院君因
壬午军乱而取得政权，但是也只维持了 33 天而已，因为清朝派遣了
多达 3000 人的大军远赴朝鲜平定动乱。自从签订《江华岛条约》之
后，清朝就一直关注着朝鲜的动态，因此从发生壬午军乱开始，他们
便多方了解事件背景，最后决定派兵平乱。另外，日军为了抗议壬午
军乱，逼迫朝鲜赔偿损失，带领着 1500 名军人在济物浦（即今韩国
仁川）登陆。于是兴宣大院君致函清朝，请求尽快派遣军队前来协

助。两广总督张树声得知情况危急，于是在一八八二年七月十日让马建忠先率领 200 名清军赶赴朝鲜，七月十二日所有清军皆已抵达汉城。第二天中午，清军代表丁汝昌提督、吴长庆提督以及道员马建忠前往云岘宫，告诉兴宣大院君清朝不会逮捕他，并且还邀请他回访，让他先卸下了心防。于是根据礼法，在当天下午 4 时左右，大院君为了答礼而来到了清军阵营，此时，清军却将大院君抬上轿子，连夜送往南阳湾的马山浦，然后直接从当地搭乘了清军的军舰前往天津。此后，清朝任命清朝推荐的人选作为朝鲜政府的顾问，并且强制朝鲜按照顾问的决定来施行政策。接着，清朝对朝鲜施加压力，在一八八二年八月二十八日，以直隶总督李鸿章和朝鲜奏正使赵宁夏为代表，清朝迫使朝鲜签订了全文 8 条的《中朝商民水陆贸易章程》。该条约大多是允许清朝在朝鲜享有各种特权的内容。特别是条约在前文部分称朝鲜为清朝之"属邦"，明确表示清朝是朝鲜的宗主国。在与日本签订了不平等条约之后，朝鲜这次又与清朝签署了带有从属性质的条款。

与华侨足迹一同展开的炸酱面历史

壬午军乱时，在清朝的提督吴长庆进入朝鲜的军舰上还有 40 多名清朝商人。当他们在朝鲜登陆之后，韩国华侨的历史也随即展开。清朝在干预朝鲜内政的同时，也把他们自己在西方列强侵略之下遭受的一切依样画葫芦地施加在朝鲜身上，要求将济物浦的 1.65 万平方米土地划为清朝的租借地。之后，清朝人民如潮水般涌入此地，他们取得了商业主导权，并与日本商人展开了激烈的竞争。然后，他们在韩国最早的西方现代公园，也就是自由公园这里打造了一座中国城。从清朝来的中国人都是原先住在济物浦对面山东半岛的居民。他们漂洋过海、远道而来，在济物浦地区开设商店的同时，也会按照中国本土的口味制作炸酱面，除了自己吃之外，有的人也会拿来做小吃生意。在口耳相传之下，在码头工作的中国工人每当想吃中国本土的食物时，他们就会去中国人群居地区的饭馆打牙祭。

其中，一家叫作"共和春"（仁川广域市中区善邻洞 38 · 1）的中国餐馆，首度开发出了一种与当地口味截然不同的炸酱面。中国炸酱面里放的春酱，也就是甜面酱，是一种在面粉中加入盐巴发酵而成的甜味酱料。一九四八年，华侨厨师王松山在共和春的厨房里把焦糖酱放入甜面酱当中，开发出了一种符合韩国人口味的春酱。再加上这里并不是使用之前制作并冷冻好的面条，而是采用现制的手工面条，刚起锅时不仅弹性十足，而且热气腾腾，淋上酱汁后即可送上桌。"共和春"是一九零八年从山东地区移居来的 22 岁青年于希光所创立的中式餐馆，原来的名字叫作"山东会馆"，它被公认为是韩国第一家推出炸酱面的餐厅。后来由于辛亥革命的成功，清朝退出了历史舞台，"中华民国"就此诞生，因此于希光也怀着喜悦的心情，将原先的山东会馆更名为如今的"共和春"。春天是一年的开始，也是新的生命和希望萌芽的季节，所以，当时为了祈愿"中华民国"的永续发展，他才更改了餐厅的名字。特别聘请山东地区的建筑师和工匠打造而成的"共和春"，是一栋典型的中国式中庭型（建筑物中间设有庭院）建筑。"共和春"是使用红砖建造出的两层式结构，并且外部的红色砖墙上还刻有象征中式餐馆的多彩图案，总之，这是一栋外形相当引人注目的建筑物。

"共和春"：一九零八年建造的中国式建筑。现在已经被指定为近代建筑文化遗产第 246 号，二零一二年改建为"炸酱面博物馆"并且正式开馆。
资料来源：大韩民国历史博物馆

　　中国的炸酱面更上一层楼，诞生了符合韩国人口味的炸酱面。随着口耳相传，韩国炸酱面很快就成了一道家喻户晓、广为人知的美食。特别是政府在 20 世纪 60 年代至 70 年代推行面食奖励运动后，炸酱面的普及使其更成为最受韩国人欢迎的食物之一。而孕育出韩国炸酱面的鼻祖餐厅"共和春"也随之声名远播，上门的游客络绎不绝，成了仁川具有代表性的知名景点。但是，在进入 20 世纪 80 年代之后，韩国政府为限制华侨经济的过度发展而开始限制华侨的财产权，在这个政策的影响之下，"共和春"的经营也开始走下坡路，最终于一九八三年倒闭。不过，"共和春"在生活史及近代建筑史方面的价值得到了认可，因此在二零零六年被指定为近代建筑文化遗产第 246 号。之后，仁川广域市中区厅于二零一零年购入该建筑，并且将其打造成了韩国首座而且是其他地区前所未见的"炸酱面博物馆"，该博物馆每年大约会吸引 20 万名游客前来参观。虽然促使炸酱面诞生的"共和春"餐厅已经消失，但是，在博物馆里还是可以看到从前制作炸酱面的厨房，该厨房经过修复后，如今已原封不动地重现了旧时模样。

如今，炸酱面已经成了每天可以销售 700 万碗的全民饮食。但是，我们应该要记住炸酱面诞生背后的那段以近代化为名，实则侵犯了韩国权益的历史。

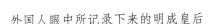

外国人眼中所记录下来的明成皇后

一八九五年，日本为了找回他们在朝鲜的影响力，派遣浪人集团杀害了明成皇后。后来，在日本统治朝鲜的那段时间里，他们将明成皇后的封号降格，仅以闵妃来称呼她，并且给她打上了"危害国家的女性"之烙印。但是，解放了 70 多年后的现在，我们对于明成皇后的一切看法，必须摆脱原先既定的刻板印象才行。对于明成皇后所犯的错误必须彻底批判，但是，她为了拯救国家所做的努力也应该得到正确的评价。为了帮助大家打破对她的既有观念，让大家知道她是一位拥有高尚品质的女性，我们借由外国人的视角来介绍明成皇后真正的模样。

　　我从一八八八年三月开始担任女官，我的本职工作是医生，能够为皇后的玉体尽一份心力，无论当时还是现在，对我来说都是一种无上的光荣。一方面，明成皇后有着凌驾于男人之上的气概，英姿飒爽可谓女中豪杰。另一方面，她就像白蔷薇那样高尚，对待下面的人温柔至极，虽然这么说似乎有些冒犯，不过她对待我的态度温暖慈祥，就像我的亲生母亲一样。她是一位感情丰富的人，每当与我说话的时候，都会亲切地抚摸我……我们夫妻结婚的时候，她亲手把一个纯金手镯送给了我。这个手镯40年来我一直戴在左手手腕上，从未离手，因为这是她赐予我的礼物。即使到死我也会一直戴着……

　　——《白民》一九二六年六月号特辑"纯宗实纪"，房巨夫人（Annie Ellers Bunker），"闵妃与西医"

　　当然，我也被王妃深深地吸引了。她看起来既苍白又纤细，拥有一张轮廓鲜明的脸庞和一双聪慧且敏锐的眼睛，虽然乍看之下并不是那么美艳不可方物，但是，任谁都可以从她的脸上看出她那充满力量、理智和坚毅的性格。当她开始说话的时候，她的爽朗、单纯及机智，到处都为她的容颜添上了一层迷人的色彩，这比起单纯的美丽外貌，反而更让人感到一种震慑人心的动人魅力。我在朝鲜王妃最美丽的时候遇见了她……

　　在她问了我很多关于美国的事情之后，过了几天，她带着悲伤的语气说道:"希望朝鲜也能像美国一样自由、充满力量而且幸福……"圣诞节的时候,王妃殿下送了我一顶美丽的轿子。这顶轿子原先是属于王妃的,上面用蓝色天鹅绒盖着,里面铺着绣有清朝美丽花纹的绸缎。轿子里有屏障、座席、布料和长袍,还有朝鲜制作的各种新奇小东西,再加上鸡蛋、雏鸡、鱼、核桃以及大枣等各种物品。还有,在大年初一时,她又给我送来了500元,让我用来购买珍珠,也给我的小儿子准备了一些礼物。

——*Fifteen years among the top-knots or*,*Life in Korea*,
American Tract Society, 1904

第三章　融合了生活史的饮食

忙于生计的朝鲜百姓日常生活中
随着朝鲜四季更迭而吃的食物

菜单 3-1　雪浓汤

让老百姓更方便做且普遍都能吃得到的温暖饮食

老板娘,
天气好冷啊。
请给我来碗汤饭。

该怎么办才好呢?
汤刚好都卖光了。

这样啊,在这么寒冷的天气里,
来碗雪浓汤是最棒的享受,
老板娘,你这里也有卖雪浓汤吗?

雪浓汤?
你这是什么无稽之谈呢。

说的也是,
如果想要做雪浓汤的话,
好像要花不少成本呢。

不过话说回来,
雪浓汤是从什么时候开始出现的呢?

既然看你这么好奇雪浓汤的故事,
我就打开话匣子,
为您好好解答一番吧。

雪浓汤的名字是否来自先农祭？

自古以来，韩国人都知道雪浓汤是最适合寒冬时节品尝的汤饭。把米饭浸泡在用大骨熬煮出来的热腾腾的白汤里，放上萝卜块泡菜一起吃下肚，如此一来，侵袭身体的寒气就会在一瞬间一扫而空。使用牛骨熬汤做成的汤饭有雪浓汤和牛骨汤。雪浓汤是用牛腿骨、牛膝盖骨、牛胸骨、牛腱、牛舌、牛肺和杂骨熬煮出来的汤品；牛骨汤则是放入牛胸骨、牛腱、牛肠以及牛胃等，再加上白萝卜或海带一起炖煮而成的饮食。雪浓汤和牛骨汤在吃的方法上也有些许差异，雪浓汤里并没有放入酱油，吃的时候每个人再依照自己的口味加入盐巴调味。另外，雪浓汤里也没有放葱花，与把葱放入高汤里一起熬煮的牛骨汤做法不一样，雪浓汤是在吃的时候才把切碎的葱花洒上。

先农坛全景：传说中国古代帝王神农氏和后稷教导百姓开垦土地与种植五谷，这里是他们为主神进行祭祀的地方。
资料来源：韩国文化财厅

那么，雪浓汤是从什么时候开始出现的呢？又为何要取名为"雪浓汤"呢？关于雪浓汤的由来有各式各样的说法。其中有一派人认为，雪浓汤是一种从朝鲜时代就开始食用的传统饮食，起源于朝鲜君王在先农坛举行祭祀典礼时，为了赐宴给百姓而创造出来的食物。因此，首尔特别市东大门区以先农坛设于东大门祭基洞为依据，在二零一五年设立了先农坛历史文化馆，并且在第2展厅详细介绍了雪浓汤的由来。依据他们的介绍，雪浓汤的原意为"在先农坛赐予的汤饭"，因此最早的名称是"先浓汤"，后来由于发音的演变，才成为现今的"雪浓汤"。在举行先农大祭的时候，君王会在坛前的籍田[1]里亲自示范耕田，行"亲耕劝农之礼"，祭祀结束之后，文武百官和百姓会把当作祭品的食物烹调之后一同分享，因此，故事就这样流传下来了。朝鲜的君王们为了带领百姓从事农业，并且了解民间疾苦，所以会亲自拿着农具下田耕种，进行亲耕仪式。亲耕仪式结束之后，从朝廷大臣到庶民会一起享用雪浓汤，因此，这道饮食不但有慰劳百姓的作用，而且可以表达出君王想要亲近民众的爱民之心。

那么，每次谈到雪浓汤时就一定会提及的先农祭，究竟是从什么时候开始的仪式呢？先农祭是指为了向中国神话中教导百姓耕种的神农氏和后稷祈求五谷丰收而举行的一种祭祀仪式。依据《三国

---

[1] 籍田，也称"藉田"，是古代天子、诸侯征用民力耕种的田。相传天子籍田千亩，诸侯百亩。每逢春耕前，由天子、诸侯执耒耜在籍田上亲耕，称为"籍礼"，以示对农业的重视。籍田亦指天子示范性的耕作。

史记》[1] 的记载，朴赫居世 [2] 十七年时，"劝督农桑以尽地利"，意思
是鼓励百姓努力耕种养蚕，充分利用土地获得益处。另外，《三国史
记》中有关新罗宗庙的记载写道："丰年用大牢（牛、羊、猪），凶年
用小牢（羊、猪）"，并提及"立春后亥日，明活城南熊杀谷祭先农，
立夏后亥日，新城北门祭中农，立秋后亥日，蒜园祭后农"。由此可
以得知，先农祭是一种从三国时代就开始举行的年度例行仪式。先农
祭在高丽时代是由皇室主办的仪式，而最早举行先农祭的君主是高丽
国的第 6 代君王成宗。不过，在高丽时代并不是所有的君王都会举行
先农祭。显宗在一零三一年举行了先农祭，文宗在一零四八年举办了
后农祭，而仁宗则是在一一三四年和一一四四年主持了"亲耕劝农之
礼"的祭祀仪式。后来到了高丽末期，新进士大夫们强烈提出要求，
认为君主应该举行亲耕之礼，只有这样才能借此给百姓树立从事农业
活动的典范。而士大夫中的代表性人物就是在朝鲜王朝建立之时立下
功勋的"三峰"郑道传，他认为，若是想要带领朝鲜变成以农业为主
的社会，那么君王就必须扮演相当重要的角色。话虽如此，但是在朝
鲜初创的太祖时期，即使已经设有掌管籍田粮食和祭祀用酒等事务的
官署司农寺，也未曾出现由太祖亲自举行亲耕之礼或举办先农祭的
记录。

　　朝鲜最早的亲耕仪式举行于成宗六年（1475 年）一月二十五日。

---

[1]　《三国史记》是高丽宰相金富轼奉高丽仁宗之命所编撰的高丽官修正史，是朝鲜
　　半岛现存最早的完整史书。《三国史记》共 50 卷，约 27 万字，以中国正史的体
　　例记述了新罗、高句丽、百济三国的历史。

[2]　是朝鲜半岛三国时期新罗的始祖。

亲耕仪式的过程究竟是怎么样的呢？首先，成宗先鼓励农民的辛劳，然后作为表率亲自下田耕作，并且发表具有意义的诏书；之后，成宗到东郊的祭坛先行祭拜先农，等到日出之时，再到籍田里亲自执犁，完成五推五返的耕作之礼后暂时退下，接着再登上观耕台。从观耕台上放眼望去，整个籍田尽收眼底。成宗站在这里看过去，可以看到宗亲月山大君李婷与宰相申叔舟行七推七返之礼，以及相当于现今部长职位的判书李克培、郑孝常与大司宪李恕长、大司谏郑佸行九推九返之礼。接着，再由100多名庶人将100亩田地全部耕完。在亲耕之礼结束之后，成宗还会举办盛大的活动，让老人家、儒生和妓生一起唱歌作乐，让参加亲耕的庶民全部聚在一起喝酒，这个活动又称为"劳酒宴"（劳酒演）。实录上记载着，君王在当天展现了扶犁亲耕的形象，而臣僚、军校、长者以及站在路边观看到这一幕的人们都深受感动，就连士大夫家的女人们和众多的百姓也全都颔首称赞，甚至还有人流下了眼泪。世宗时期编纂的《国朝续五礼仪》中记载着，在进行劳酒宴的时候，君王会把酒与食物分送给参与亲耕仪式的人，此时分送给大家的食物应该就是雪浓汤。但是，在相当重视牛的朝鲜农业社会，君主竟把原先用来耕田的牛宰杀后熬汤给百姓食用，可见这个仪式非同小可、至关重要。按理说，这样的仪式不可能不会在实录上留下记载，但是，如今却完全找不到与此相关的任何文献，因此，笔者不得不怀疑在举行亲耕礼时分发雪浓汤的说法的可信度。

《国朝续五礼仪》：这是以成宗时期发行的《国朝五礼仪》为基础，加以补充后在英祖时期重新编纂的书。该书记录了朝鲜时代"五礼"的礼法和程序。
资料来源：韩国国立中央博物馆

　　另外，把农业视为天下之本的朝鲜时代，也跟高丽时代一样，不能时常举行亲耕礼。理由是亲耕礼程序十分复杂，而且亲耕礼之后举行的宴会也过于盛大，不仅浪费公款，也会给百姓造成很大的负担。不过在成宗之后数次告吹的亲耕礼，终于在英祖时期华丽地复活。身为朝鲜后期行事作风最为强势的君王，英祖压下了所有的反对意见，分别在一七三九年、一七六四年以及一七六七年举行了3次亲耕仪式。但是，就当时实录中所记载的报道看来，似乎也未曾出现食用雪浓汤的相关内容。

> ……上命藏耒耜牛衣于太常，又命御耕牛喂养于太仆，限其没齿。先是，淳奏若还牛于民，恐有宰杀之虑，上以见其生，不忍见其死之意，有是命……
> ——《英祖实录》，第48卷，英祖十五年（1739年），一月二十八日第1篇记录

通过这篇记录可以得知，朝鲜时代将亲耕礼中犁田的牛宰杀后做成雪浓汤的说法应非属实。特别是因为朝鲜时代的人们非常重视农耕时不可或缺的牛，所以，牛肉是一种相当珍贵的食物，一般老百姓很少有机会可以吃到。当然，王室在举行祭祀或大型宴会时还是会使用牛肉，但是，从来没有出现过将牛肉大量制作成汤品并分送给100多人食用的记录，更何况当时的律法还有严禁屠宰牛的法令。依据实录内容，牛不仅对于农耕有其重要性，而且在陆地上运送物品时，也只能依赖牛车，因此，屠宰牛的话就会失去重要的运输工具，后果相当严重。

以便宜价格填饱庶民肚子的白色高汤

那么"雪浓"一词到底是源自何处呢？关于此事，有多位专家主张是起源于中世纪的蒙古语"syuru"（슈루）或"syulru"（슐루）。蒙古人过着游牧生活，住在方便移动的蒙古包里，他们吃的食物中有一道菜叫作"空汤"，据说这是将整块牛肉或羊肉放入巨大的铁锅

里，倒入水彻底煮熟之后，再把煮好的肉块切成小块，用盐巴调味后吃。这里的"syuru"（슈루）或"syulru"（슐루）指的是煮肉的肉汤，也就是高汤的意思。据闻，蒙古骑兵们平时会把餐具挂在马匹上，就连行军时也一样，为了让所有士兵都可以简单地饱餐一顿，于是军队想出了一种简便饮食——以大量熬煮的肉汤来满足士兵们的需求。在 13 世纪时，高丽成为元朝的附庸国并且受其统治，因此，元朝这些带有特殊习性和风格的食物也传入了高丽。专家们认为，在这样的过程中，"syuru"（슈루）或"syulru"（슐루）由于发音的变化而成为"雪浓"（seolreogn），其后再加上一个"汤"字，因此才成为"雪浓汤"。关于这个说法的证据出现在一七九零年（正祖时期）方孝彦编纂的《蒙语类解》中，该书记载了"空汤"一词，还在其后加上注释"煮肉的汤汁"，也提及了蒙古语的说法为"syuru"（슈루）。像排骨汤、泥鳅汤这样带有"汤"字的食物，一般都是把食材的名称放在"汤"字前面，所以，即便雪浓汤起源自先农祭，但把神祇（神农氏）的名字放在前面，也还是不太符合语法的构成规范。但是也有人认为，如果这道食物是源自蒙古的话，那么雪浓汤的"雪浓"就是指把肉放在水里熬煮之意，如此一来就不会违背将食材放在"汤"字前面的语法了。另外，还有一种在民间流传的说法：由于雪浓汤的颜色看起来像雪一样白，汤头又很浓郁，因此才会取名为"雪浓汤"。不过这种说法被认为是雪浓汤的各种由来中，最缺乏可信度的一个。

从以前的报章杂志中，我们可以看到一些与雪浓汤有关的趣味报道。例如，一九二四年某一日的《东亚日报》中提到，听说大家都认为京城人十分喜爱长桥町的雪浓汤，因此，后来雪浓汤就变成京城的名产之一。此外，一九二六年某一日的《东亚日报》专栏报道中提到，雪浓汤是首尔的名产，首尔的大街小巷到处都有卖雪浓汤的店铺，只是店铺里用的砂锅看起来十分不干净，所以，希望不要再用砂锅来盛装雪浓汤。当时一盒香烟的价格是 1 两银子，而一碗雪浓汤则要价 1.5 两银子，相较之下，雪浓汤的价格也不算太贵。话说雪浓汤之所以可以卖得比较便宜，是因为身为贱民中的贱民，处于社会地位最底层的屠夫，这类人主要以经营肉铺维生，其中有人想到可以把卖剩的食材直接煮成雪浓汤，因此，他们才能用比较便宜的价格来贩卖雪浓汤。但是，这些店的问题出在卫生不佳，店里甚至还发生过雪浓汤中出现蛆虫的状况。在冷藏设施不发达的年代，就是因为店家把未能妥善保存的肉拿来煮成雪浓汤，所以才会有蛆虫漂浮在汤里的情形。当时去餐厅吃雪浓汤时，并不会另外附加米饭。雪浓汤的主要做法是：先把冷饭放在砂锅中备用，等客人一来，就把热腾腾的高汤倒入，然后，再依客人的喜好把不同部位的肉放进去。在雪浓汤里加入面条的做法是现代才有的。韩国在"6·25"战争（朝鲜战争）之后开始从美国进口面粉，再加上政府在 20 世纪 60 年代至 70 年代推动面食奖励运动，因此才衍生出了这样的做法。

朝鲜一等开国功臣郑道传的下场

曾经向朝鲜君王进言，力陈农业重要性的"三峰"郑道传是新进士大夫当中最具备激进改革思想的人。正是在郑道传的推动之下，朝鲜王朝才成功地建立起来。在朝鲜建国之后，比起王权，他更重视以神权的力量来统治国家。由于在朝廷的势力庞大，因此，郑道传无视李成桂的多位更为年长的儿子，反而跟李成桂还有他心爱的神德王后康氏联手，将年仅 12 岁的幼子李芳硕册封为世子。而同样身为朝鲜一等开国功臣，又是李成桂第 5 个儿子的李芳远却无法接受这件事情。不满于弃长立幼的李芳远，最终在一三九八年引发了第一次王子之乱，并且在此次政变中残酷杀害了郑道传。

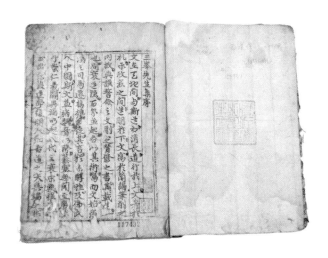

《三峰集》第 1 卷：这是"三峰"郑道传（1337—1398 年）所著的诗文集。目前所流传的《三峰集》是正祖十五年（1791 年）在奎章阁重新编辑与校正后才发行的文集，共有 14 卷 7 册。
资料来源：韩国文化财厅

在第一次王子之乱时，李芳远集结士兵亲自带队，直奔郑道传府

上，将郑道传和与他一起主导政局的开国功臣南訚当场杀死。李芳远
继位成为朝鲜太宗之后，其所编纂的《太祖实录》中记载着，郑道传
逃到前判事闵富的家中，躲在床铺的下面，当他吃力地从床底下爬出
来的时候，曾经向李芳远哀求讨饶，不过李芳远仍然命令部下将郑道
传就地诛杀。但是在《三峰集》中却流传着他在死前吟诵的一首诗，
诗名为《自嘲》：

> 操存省察两加功
> 不负圣贤黄卷中
> 三十年来勤苦业
> 松亭一醉竟成空

　　这里提到的"松亭"是指李芳远为了逮捕郑道传，亲自率兵追
杀而来之时，郑道传与另一位朝鲜开国功臣南訚正一起喝酒的那个凉
亭。这首诗与实录中所记载的内容截然不同，让我们可以从不同的角
度来认识郑道传这个人物，或许他在面对死亡的那一瞬间，也没有失
去他原有的超然洒脱。

菜单 3-2　狗肉汤（补身汤）

从宫廷到酒馆，广受朝鲜人喜爱的进补食品

老板娘，那只黄狗呀，
看起来真美味呢。

哎哟，这位书生，
你说的这是什么古怪的话呀？

呵呵，你不知道这么炎热的天气，
全身汗流浃背的时候，
正是吃补身汤最好的时机吗？

补身汤吗？
那只黄狗就像我的孩子一样。
请您别再说这种话了。

那么虽然有点可惜，
不过请你给我来碗香辣牛肉汤吧。

牛肉汤当然没问题啰。
吃点辣乎乎的东西来以热治热，
全身的热气很快就会消除。

看在老板娘这么有诚意的分上，
我就把关于补身汤和牛肉汤的故事
通通告诉你吧。

狗肉汤的其他名称——补身汤和辣牛肉汤（狗肉酱）

"补身汤"这个名字是现代才出现的。朝鲜时代所使用的名称是"狗肉汤"（개장국），因为是使用狗肉熬成的汤，故而得名。用汉字来表示的话，第一个词"개구"指的是"狗"，所以写为"狗酱"（구장）。这里提到的狗酱汤和标题中的辣牛肉汤（狗肉酱）是指同一种食物，这话又是什么意思呢？

狗肉汤的主要材料是狗肉，而有些不吃狗肉的家庭则是用牛肉来取代，因此才会出现"辣牛肉汤"这个食物名称。若说狗肉汤是朝鲜时代以后一般家庭最喜欢吃的食物，那么到了19世纪，在可以尽情享用牛肉的大地主家厨房里，由狗肉汤华丽变身的全新饮食就是辣牛肉汤了。与此相关的记载出现在一八三零年由崔汉绮所著的《农政会要》中，他把狗肉汤和辣牛肉汤写在同一页，并且还记录了详细的烹饪方法来说明。举例来说，狗肉汤的做法是将煮熟的狗肉用手撕开再放入汤里，而辣牛肉汤虽然以牛肉来取代狗肉，但同样也要用手撕开再放入，而且，两者在烹调时都必须使用芹菜。笔者身为一个土生土长的首尔人，小时候看到母亲所煮的辣牛肉汤里，并不是像现在这样放蕨菜或黄豆芽，而是放了满满的芹菜，就像《农政会要》里所提到的做法一样。狗肉汤和辣牛肉汤是同一种类型的食物，这点在崔南善撰写的《朝鲜常识问答》中也可以看得出来。文中提到："在三伏天烹煮狗肉，搭配具有刺激性的调味料，也就是所谓的'狗酱'，在乡间夏日享用实为一大乐事。若是食性不吃狗肉的人，可以用牛肉来取代，将其做成辣牛肉汤，同样可以品尝到美食的滋味。"

　　辣牛肉汤虽然可以说是首尔的代表性食物，但是对属于盆地地形，比任何地方都更加炎热的大邱来说，它也是当地夏季非常受欢迎的一道食物。不过在大邱地区，辣牛肉汤则称为"大狗汤"。这并不是因为它以海鲜鳕鱼（又名"大口鱼"）为食材，也不是源自城市的名字"大邱"，而是因为这是用大狗熬煮而成的汤。因此，同理可证，辣牛肉汤确实是起源于狗肉汤的一道饮食。有些人把"辣牛肉汤"（狗肉酱）写成"鸡肉酱"，这是因为进入现代社会之后，某些擅长烹饪的人用鸡肉代替牛肉，将其加以变化，所以才会放上代表鸡肉的"鸡"字，取名为鸡肉酱。

　　但是，除了国外包括法国女演员碧姬·芭铎在内的众多动物爱好者外，就连部分韩国人也提出疑问和强烈的抗议，他们认为狗是伴侣犬，也是人类最忠实的朋友，所以不应该食用它们的肉。在对伴侣动物的保护意识日益提高的今天，这样的争议也愈演愈烈。但是，把传统的饮食习惯视为一种野蛮且未开化的行为，这样的态度也是不正确的。事实上，不仅在韩国，据说罗马人也同样会吃狗肉。狗肉汤是祖先们为了战胜酷暑，汇集智慧而创造出来的滋补饮食，因为对人类的身体有所帮助，所以才会一直传承下来。许浚所著的《东医宝鉴》被联合国教科文组织列入了世界记忆名录，书里也提及："狗肉性温，味咸酸而无毒，有安五脏、补血脉、厚肠胃、填精髓、暖腰膝、温肾助阳以及益气力之效。"除了《东医宝鉴》之外，民间流传下来的说法也有很多，像是吃狗肉可以促进男性体内的阳气运行，达到进补之效用，还可以治疗疮痂；女性生完孩子之后若是奶水不足，把狗的脚踝部分煮来食用的话，则可以达到催乳的作用。所以，当时的人会把狗肉和中药材放在一起酿造成狗烧酒每天饮用，其做法是，把狗肉和中药材一起放入铁锅里煮熟，熬煮成像墨汁一样浓稠的汁液，再加入盐和胡椒后趁热饮用。他们相信身体虚弱的人喝了这个就会变得身强体壮。对于罹患重病，正处于恢复期的患者来说，这也是最佳的进补食品。另外，患有肺结核或胸膜炎的人以及处于产后恢复期的妇人等，也会特意找来食用。

　　站在文化相对主义者的立场上，虽然有必要尊重吃狗肉的风俗习惯，但是随着岁月流逝，狗肉汤在许多方面都开始面临困境。信奉基督教的李承晚前总统认为"狗肉汤"这个名称不符合他的宗教观，因此将其改名为"补身汤"，意思是这是一道可以滋补身体的汤。不过在这之前，人们普遍认为补身汤指的就是单纯滋补身体的汤品，并没有特指狗肉汤的意思。但是，在李承晚政府的这个指示之下，人民都开始认同"狗肉汤＝补身汤"的看法。后来，在一九八八年举办汉城奥运会的时候，考虑到前来汉城的西欧人士的感受，政府下令禁止贩卖狗肉汤，因此，在举行奥运会期间，狗肉汤的名字甚至被改为"四季汤"或是"营养汤"。

取代珍贵的牛肉成为补品，深受百姓喜爱的狗肉汤

　　那么，在韩国历史上，关于狗肉汤的记载是从何时开始出现的呢？由于高丽时代笃信佛教，因此人们并不喜欢杀生吃肉。如同前面的内容所述，在元朝统治之后，人们才开始喜欢食用肉汤。但是，即便进入了高丽末期，文献中也只有人们在三伏酷暑天喝红豆粥的记录，因此，专家认为应该是进入朝鲜时代之后，人们才开始享用狗肉汤的。依据专家的推测，由于朝鲜时代的律法明文规定禁止屠宰牛只，人们为了制作进补食品，因此才会改用任何时候都可以轻易取得的狗来做成狗肉汤。最先讲述狗肉相关烹饪方法的书出现在成宗十八年（1487 年）由医员全循义编纂、孙舜孝出版，之后呈送给成宗的《食疗纂要》。不过这本书并不是烹饪书，而是一本医书，书中提及治疗肛门周边的漏疮时，建议可以用煮熟的狗肉蘸浓蓝汁[1]，连续服用七日即可。通过这样的记载我们可以得知，朝鲜时代已经有了食用狗肉的事例。随着岁月流逝，朝鲜时代及以后的人们就开始自然而然地吃狗肉了。据闻中国古代宫廷里有专门烹饪狗肉的厨师，又称为"犬人"，而在朝鲜时代，一般人家也是大大方方地把狗抓来煮成狗肉汤。宫廷里虽然不吃狗肉汤，但也是以狗肉为食材，将其做成炖肉之后再端上宴会的餐桌。正祖亲自记录的《日省录》在一七九六年六月十八日的记事中提及，献给母亲惠庆宫洪氏的进馔菜色中有一道菜品叫作"狗蒸"，"狗蒸"即指用狗肉炖煮而成的食物。通过这项记载我们可以得知，18 世纪的宫廷饮食中已经开始使用狗肉了。

《中宗实录》中有一篇记事提到，因为身为戚臣的金安老喜欢吃狗肉，所以想讨好金安老的嫡子们就买了又大又肥的狗准备送给他，此时是中宗二十九年（1534 年）。因此早在 16 世纪时，两班贵族家烹饪狗肉就已经是家常便饭了。

那么，朝鲜人喜欢吃用什么方式烹饪出来的狗肉呢？在 17 世纪

---

[1] 蓼蓝（植物名）的汁液。

出版的各种各样的烹饪书中，可以看到五花八门的狗肉烹饪方法。其中，有一本书里记载了 6 种烹饪狗肉的方法，这本书是玄宗十一年（1670 年）由 "石溪" 李时明的夫人安东张氏张桂香用韩文著述的烹饪书《闺壶是议方》。该书介绍了包括狗肉汤在内的烤狗肉串、狗肉汤烤肉串、炖狗肉、黄狗烹饪法以及灌制犬肠等各种烹饪方法。其中，"犬肠" 是指将放入各种调味料拌匀后的狗肉剁碎，然后灌入狗的肠子中蒸制成的血肠；"烤狗肉串" 的做法是，将处理好的狗肉切成肉片，然后将其串成肉串，加上调味酱料之后烤熟，最后再淋上浓郁的酱汁。另外，"狗肉汤烤肉串" 则是在烤肉串上面淋上狗肉汤一起吃的一种食品。

这本书中最特别的部分是黄狗的烹饪方法。中国人在关于狗肉的专门烹饪书《三六经》中，介绍了狗肉中味道最好的一类是黄狗肉。而《闺壶是议方》里也介绍了黄狗的烹饪方法，可见，黄狗肉在韩国也被认为是最美味的一种狗肉。《闺壶是议方》中的黄狗烹饪法非常独特，先喂黄狗吃拥有金黄色羽毛的黄鸡，过五六天之后，再把它抓来宰杀。首先将黄狗去骨，把它的肉洗干净，再和清酒及芝麻油一起放入瓮中，利用隔水加热的方法将其煮熟。这让人联想到在做鲁城酱油螃蟹时会给螃蟹喂食牛肉的做法，两者有异曲同工之妙。

此后的 18 世纪到 19 世纪，人们在市场上就可以轻松买到狗肉，也可以在酒馆买狗肉汤来吃了。记载这个时期狗肉烹饪方法的代表性书有很多，包括徐有榘编纂的《林园十六志》，以及他的嫂子，也就是被评价为 "唯一女性实学家" 的凭虚阁李氏在一八零九年编写

的《闺合丛书》，还有一八一九年金迈淳记录汉城年例活动而写成的
《洌阳岁时记》，以及洪锡谟所著的《东国岁时记》等。其中，《闺合
丛书》这本书中记载了很多对女性有所帮助的信息，书里介绍了利
用"蒸狗法"做成的狗肉饮食，以及其他相关的重要数据。比《闺
合丛书》晚 10 年才出版的《洌阳岁时记》里也记载着狗肉汤是季节
饮食，书里在有关三伏天的章节说道："烹狗为羹，以助阳。"另外，
在谈及狗肉汤时经常会引用文献的《东国岁时记》，其引文大多来自
《林园十六志》，其中有一段引文内容如下："烹狗和葱烂蒸，名曰狗
酱。入鸡笋更佳。又作羹，调番椒屑，浇白饭为时食，发汗可以祛暑
补虚，市上亦多卖之。按《史记》秦德公二年（公元前 676 年），初
作伏祠，磔狗四门，以御蛊灾。磔狗即伏日故事，而今俗因为三伏佳
馔。"《东国岁时记》以上述文章内容为基础，增加了狗肉是三伏天的
时节佳馔等文记，补充的部分写道："……发汗可以祛暑补虚，市上
亦多卖之……"这个内容对我们来说非常重要，因为这里所指的"市
上"就是市集，由此可知，在洪锡谟生活的 19 世纪中叶，当时的人
们是经常食用狗肉的。"茶山"丁若镛的次子丁学游所著的《农家月
令歌·八月调》里有这样一段内容，他提到媳妇回娘家探望父母的时
候，会带着狗肉当作伴手礼，由此可见，狗肉是一种很有价值的食物。

> ……媳妇得空回娘家探望父母时，
> 带着煮好的狗肉、年糕和酒上路。
> 穿上绿衣蓝裙装束打扮，
> 因夏耕而疲惫的脸上是否恢复（复苏）了元气……

《农家月令歌》：是将岁时风俗、农家举办的活动以及官府劝农之语等按照月份编写成的月令体长篇叙事诗，目的是方便民众传唱。
资料来源：韩国国立中央博物馆

　　进入 19 世纪以后，作为在韩国占据重要地位的美味佳肴，狗肉汤给前来朝鲜的西方传教士留下了什么样的印象呢？关于这件事，隶属于法国巴黎外方传教会，出版了《朝鲜教会史》的神父达雷（Claude-Charles Dallet）如此说道："韩国猪和狗的数量非常多，不过由于狗过于胆小谨慎，因此几乎只能到肉铺购买。据说狗肉极其美味，总之，这是朝鲜最优秀的菜肴之一。"从上述内容来看，他们也认为狗肉汤是深受喜爱的优秀饮食，并且认同其存在价值。然而，在日本帝国主义强占时期，日本人却认为吃狗肉是朝鲜人不文明的野蛮饮食习惯。后来在第一共和国时期，受到李承晚政权的影响，狗肉汤变成了一道人们想要隐藏起来的食物，因此才会被改名为补身汤。在世界史上，包括前面提及的古罗马人在内，北非人甚至法国人也因为从一六九二年开始连续3年的气候异常而开始吃狗肉。另外，以著名的旅游区卢塞恩（Lucerne）为代表，有3%左右的瑞士人也喜欢吃狗肉和猫肉。因此，若依循传统的饮食脉络，那么韩国人吃狗肉的习惯或许也应该得到一部分的认同。

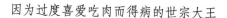

因为过度喜爱吃肉而得病的世宗大王

　　大家都知道，世宗大王是朝鲜历代君王中最爱书成痴的一位。他不喜欢运动，很讨厌骑马打猎。而且，因为世宗大王非常喜欢吃肉，蔬菜摄取得很少，所以他的身形较为肥胖。世宗大王平时喜欢吃肉的习惯，在实录中也清楚地呈现了出来。在他的父亲太宗去世后，至孝的世宗一直到3个月后行卒哭之祭时，也坚持不吃肉，而是遵守服丧礼法只吃素膳（在朝鲜时代，父母去世之后，儿女在服孝期间不食鱼肉，以示儿女愿一同承受父母死亡时的苦痛）。包括星山府院君李稷在内的臣子们担心世宗会因此体力不支，于是上书请求他改吃肉膳。

　　……且殿下平昔非肉未能进膳，今素膳已久，恐生疾病……
　　——《世宗实录》，第17卷，世宗四年（1422年），九月

二十一日（乙亥日）第 4 篇记录

由此可知，世宗大王从世子时期就开始有偏食的习惯，没有肉就吃不下饭。再加上他不仅整日忙于政务，研究各项政策，而且致力于创造韩文，还要关心民生问题等，经常一坐下来就是一整天的时间。根据文献的记载来看，在过了 35 岁之后，世宗每天都会喝一大桶的水，因此，专家推测他可能患有当时称为"消渴症"的糖尿病。另外，世宗也患有眼疾，这很有可能是糖尿病引发的并发症，也就是现在所说的糖尿病视网膜病变。除此之外，世宗还出现了 50 多种异常症状（头痛、痢疾、浮肿、风邪、背上脓疮、手颤症、腿麻等）。这些疾病大多是来自吃肉过多及血管堵塞造成的血液循环障碍，另外也有工作压力的影响。其实，会患这些疾病，也是因为世宗大王自己逃避运动，过度勤于政事。但是从另一角度来看，也正是由于世宗大王热衷于学术研究，才会创造出足以永载史册的《训民正音》，并且得到后世人民的爱戴。

世宗大王写的序文《训民正音解例本》：是用汉语来解释《训民正音》创造
目的和原理的书。训民正音是世宗二十八年（1446 年）时，世宗大王召集集
贤殿学士们所创造出来的文字，已被列入世界记忆遗产。照片中书上的文字
是世宗著述的序文，该序文描述了他创制《训民正音》的动机。
资料来源：韩国文化财厅

菜单3-3　岁时饮食（元宵节五谷饭、花煎饼、松糕、煎药）

描绘农耕社会的朝鲜生活面貌时，必定会提及的菜肴

老板娘，
天上的月亮如此明亮，
看来元宵节快到了吧?

何止是快到了，
不就是明天了吗?

啊，所以你今天才会做五谷饭哪。

这是当然的，
野菜也是我精心制作的，
请您慢慢享用。

没有元宵节吃的坚果吗?

酒馆里只卖酒，
没有坚果这些东西。
不过元宵节的时候，
为什么一定要吃坚果呢?

你想知道吃坚果的由来吗?
那么从现在开始，
我就给您说说节庆食物的相关故事吧。

为了让新的一年健康开始的营养餐——元宵节五谷饭

"岁时"一词也可用"岁事""月令""时令"来替代。岁时饮食是指像韩国这样的农耕社会，以农历为基准，每当到了某个月或某个节日的时候，就会准备用来应景的传统饮食，最近也称为"节庆饮食"或"应时饮食"。由于是根据各个时期的农耕活动和气候而做的饮食，因此岁时饮食比起其他的食物，更能够密切反映祖先们的生活状态。

虽然从农历正月开始，一直到十二月都有各行各业的岁时饮食，不过这里只介绍具有代表性的四种食物。第一种食物出现在农历正月初一的春节与正月十五的元宵节。那么接下来，就让我们来看一下元宵节期间必须吃的食物吧。

当皎洁的月亮升起时，一家人会围坐在一起吃元宵节饮食，这样的习俗一直延续到今天。农历正月十五一般称为"上元"，上元比起"中元"（七月十五）或"下元"（十月十五），是一个更具有重要意义的日子。在元宵节前一天或元宵节当天早上，人们会做五谷饭，然后用陈年野菜等将其包起来做成菜包饭来吃。陈年野菜包括农家在前一年收获的各种蔬菜，有南瓜、萝卜叶、地瓜茎叶干、晒干的马蹄菜以及蕨菜等，把这些蔬菜用热水煮熟，然后与各种调味料拌匀再一起吃。寒冷气息还没有散去的元宵节，正是需要补充热量的时候，而我们的祖先就是靠着晒了一整个冬天的野菜来补充热量的。用紫菜或叶菜类将五谷饭包在里面吃，象征将新年的福气满满地包在里面，因此菜包饭又称为"福包"。和这些蔬菜一起吃的五谷饭里，包含了糯米、高粱米、黄米以及豆子等，人们借由吃下多种谷物来表达祈祷来年所有作物都能茁壮生长的心情。昔日，长辈们在做五谷饭的时候，为了不使其沾上晦气，都会先沐浴净身，然后守在炉灶边全心全意地烹煮五谷饭。因为孩子们已经好久没有好好吃上一顿饭了，所以母亲们会在心中企盼今年是个粮食丰收的好年，好让大家都能填饱肚子。母亲会在每个孩子的碗里都装满热腾腾的五谷饭，然后口中叨念着一定要把福气包起来吃，借此祈祷子女们可以把新年的福气都紧紧地包起来吃下肚，从而不必再忍饥挨饿。

关于五谷饭的第一个文献记录是在《东国岁时记》里，书中五谷饭以"五谷杂饭"的名字登场。书里写道："今俗移于上元，而亦'邠风'御冬之旨蓄也。作五谷杂饭食之亦以相遗，岭南俗亦然，终日食之盖袭社饭相馈之古风也。"书中也记载着有人把五谷饭分给营养不良且干瘦的孩子们，因而救了那些孩子一命的故事。五谷饭的另一个名称是"百家饭"，是指邻里之间要互相分享五谷饭吃。一种说法是，如果带着笊篱或竹篮穿梭在各个人家讨取糯米饭，然后坐在碓[1]上吃的话，那么脸上就不会长癣。另一种说法是，传说在正月十五吃红色食物的话，就不会被虫子咬伤，夏天的时候也不会起疹子。所以正月十四晚上，孩子们就会悄悄地到邻近人家的厨房里去讨一勺五谷饭，而主人们明明知道却也只是睁一只眼闭一只眼。因为他们认为必须吃三户以上不同姓氏人家的五谷饭，当年才会有好运降临。很多人都相信只有吃了五谷饭，家中才会多一些人手来帮忙农

---

[1] 舂米的用具。

事，也才会有丰收的一年。朝鲜时代干旱连年，挨饿受冻可以说是家常便饭，所以大家在元宵节吃五谷饭，不仅代表着对能够健康度过新的一年的期望，而且也能够让大家获得力量和营养。

在元宵节这天，包括两班贵族在内，家境稍微宽裕的人家都会做八宝饭来吃。八宝饭又叫作"药食"，这是一种在糯米里放了很多蜂蜜、芝麻油、栗子、大枣以及松子等各种珍贵食材做成的食物，因此一般贫困的老百姓根本连做梦也不敢奢望。不过根据另一种说法，传说是因为百姓们很羡慕两班贵族家的八宝饭，所以才开始模仿它的做法，这样做出来的食物即称为药食。此外，传说五谷饭以一天吃 9 次为最佳，这代表多食多劳，这样吃的人在新的一年里将会勤勤恳恳地工作一整年。五谷饭也会根据地区的不同，而被赋予不同的深刻意义。全罗南道的人把五谷饭称为"三姓饭"或"笊篱饭"，也有人用五谷饭来预测当年农作物的收成情况。另外，有的地方还会把少量的五谷饭或糯米饭放在酱缸台上或门前等家里的各个角落，借此向诸位家神祈求新的一年收成丰硕，合家健康平安。

除了五谷饭之外，韩国人还会在元宵节早上吃各种坚果，包括栗子、核桃、银杏以及松子等，将坚果咬碎吃下，象征破除各种疮疾，祈求来年健康平安。关于咬坚果的习俗，《京都杂志》上写道："清晨嚼栗或萝菖，谓之'嚼疖'。"此外，在《洌阳岁时记》中也记载着："清晨饮酒一盏曰耳明酒，嚼栗三个曰'咬疮果'。"《东国岁时记》中记载了元宵节吃坚果的由来和咬坚果这项习俗的相关名称，以及义州的地方风俗等内容，书中写道："（元宵节当日）清晨嚼生栗、胡桃、银杏、皮柏子、蔓菁根之属，祝曰'一年十二朔无事太平不生痈疖'，谓之'嚼疖'。或云'固齿之方'，义州俗年少男女清晨嚼饴糖谓之'齿较'。"这里所谓的"齿较"，照字面意思来解释就是"牙齿的较量"，看看谁的牙齿比较健壮。此外，皇室宫廷里也有每逢元宵节就会食用坚果的习俗。

另外，在元宵节吃的食物还有耳明酒。依据《东国岁时记》的记载，若是在元宵节早上喝一杯冰凉清酒的话，听力就会变得很清晰，一年到头就都可以听到好消息，所以，无论男女老少都会喝一杯耳明酒。另一个说法出自性理学（即道学），它认为在这繁杂的世间，必须有聆听正道的意志，因此出现了"治聋"一说。该说法在民间流传下来之后，最后成了要喝耳明酒。长辈们在喝耳明酒时，会说这样的吉祥话："让耳朵更灵，让眼睛更亮吧。"孩子们也会喝，不过只是象征性地在嘴唇上沾点酒就算是喝过了。此外，在全罗北道地区，人们还会把耳明酒倒在烟囱里，这是因为如果长了脓疮的话，他们希望可以借此让脓疮像烟囱里的耳明酒一样迅速地消失无踪。在江原道平昌地区，人们特别喜欢去别人家里讨耳明酒来喝，因为当地的民众相信这样就可以耳听八方，将别人家的事情也听得一清二楚。另外，一般喝清酒的时候，人们都会先把酒加热之后再喝，但是耳明酒却是未经加热直接凉饮的，因为据说只有喝冷的耳明酒才会有驱邪避灾的作用。

从嘴里感受春天，踏青节的杜鹃花煎饼

请大家移步前往三月吧。三月享用岁时饮食的日子是踏青节。踏青节是农历的三月初三，亦称三巳日。每年到了这天，百花就会盛开，田野里四处弥漫着花香。此时，那些一年到头都被关在家里的妇女就会怀着兴奋的心情，带着煎饼时用的煎锅，走向山林享受自由。妇女们把糯米粉揉制成煎饼之后，会在上面放上杜鹃花做成花煎饼，然后涂抹上蜂蜜食用，这种煎饼就叫作"杜鹃花煎饼"。三巳日在宫廷里也是一个深受大家喜欢的日子，通过《朝鲜王朝实录》中《成宗实录》和《世祖实录》的记录就可以了解这件事情。大臣提出请愿，希望禁止三月初三和九月初九的享乐，在朝廷上引发了不小的骚动，就连成宗也表示了反对。世祖时期，在杜鹃花盛开的时候，贵妇们会纷纷搭起帐篷摆酒设宴，并把儿子和媳妇都叫来跟前，竭尽可能地铺张奢侈，这样的宴席又称为"煎花饮"。拥有美丽后苑的昌德宫一直以来都是历代朝鲜君王最爱的宫殿，每当春天来临之际，他们就会在昌德宫后苑里一边感受春天的气息，一边吃着花煎饼。各种书分别以不同的名字记载了花煎饼，一六一一年许筠著作的《屠门大嚼》将花煎饼叫作"煎花法"和"油煎饼"，另外《闺壶是议方》也将其称为"煎花法"。关于制作花煎饼的食材，《增补山林经济》上写着只能用糯米粉来制作，《东国岁时记》则记录着用绿豆粉来制作花煎饼。花煎饼的主要食材杜鹃花有治疗春困症及增加体力的效用，因此，人们在做花菜（甜茶）的时候也经常会使用到它。一八九六年出版、作者不详的《闺壶要览》里，介绍了杜鹃花菜是春天最具代表性的花菜之一。此外，《东国岁时记》中还写道："农历三月初三，在三巳日这天，大家都会到山坡或溪边赏花，采摘盛开的杜鹃花，并将花瓣与糯米粉拌匀后煎成花煎饼，也会制作杜鹃花酒或花菜，一边品尝一边享受风流情趣。"杜鹃花菜是一种在酸酸甜甜的五味子水里，加入杜鹃花和松子一起饮用的甜品。杜鹃花和松子漂浮在清雅且散发红色光泽的美丽五味子水中，人们在品尝这道甜品的同时，还可以尽情地从中感受春天的气息。

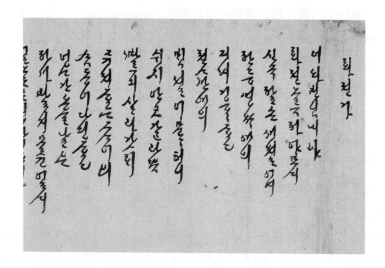

《花煎歌》（韩文歌词）：岭南地区的女性之间口头流传的歌曲，歌词是用韩文书写的，编制的年代推测是在一八一四年。在春暖花开时，妇女们会一边做着花煎饼，一边唱着这首歌曲。
资料来源：韩国国立中央博物馆

从中秋节的松糕中感受秋日的丰饶

接下来要介绍的岁时饮食是松糕，这是在韩国最重要的节日，也就是农历八月十五中秋节或秋夕会吃的一种年糕。如同大家所熟知的一样，韩国人会在中秋节这天用当年收成的谷物做成松糕，并且准备新鲜水果举行祭祀活动。此时吃的岁时饮食除了松糕之外，还有芋头汤、华阳串、煎肉串和炖鸡等。但是在花好月圆的中秋佳节，为什么要把松糕做成半月形的呢？这是因为人们认为，半月是由亏转盈的象征，蕴藏着进步和发展的深意。在中秋节制作的松糕还有另一个名字，叫作"早稻松糕"，这里的"早稻"是指今年刚收成的新米，早稻松糕也就是用新米制作成的松糕。将鲜嫩的松叶摘下来铺在蒸笼里，蒸出来的松糕就会带有松香气息，也意味着从中获取松树的精华。

那么，人们是从什么时候开始制作松糕的呢？虽然无法明确知道是从何时开始，但是从高丽末期"丽末三隐"之一的李穑所写的《牧隐集》里可以得知，制作松糕在高丽时代已经是一件很普遍的事情了。进入朝鲜时代之后，最早留有松糕记录的书是一六八零年左右出版、作者不详的《要录》，书里留下了这样的记录："用白米粉做成年糕，放在铺着层层松叶的笼子里蒸熟，最后再用水洗净。"由于加了松叶，因此人们才会将年糕取名为"松糕"。在"星湖"李瀷所著的《星湖僿说》第 4 卷"万物门"中也记载着："又既饼而豆屑为馅，间铺松叶烂蒸者谓松饼。"另外，从前文所提到的凭虚阁李氏所著的《闺合丛书》中对松糕的记载可以得知，19 世纪时制作松糕的食材，基本上与我们现在所使用的材料无异。"把稻米磨成细致的米粉，蒸成比粳米糕还松软的白糕。不要用粗大的工具来敲打面团，而是要用手揉搓，之后将其放入碗里，再把和好的面团切成小块状，在中间加入馅料后包成松糕。将红豆煮烂加入蜂蜜拌匀，再放入肉桂、胡椒以及姜粉做成豆沙馅。面团若是捏得太小太圆的话，馅料会不太容易包进去，所以要依照适当的大小将其捏成柳叶状。在蒸笼里铺上一层松叶再将其蒸熟，松糕味道会更好。"此外，20 世纪初编写的《妇人必知》或《是议全书》中也有相关记载，里面介绍了放了不同馅料的松糕，包括红豆粉、绿豆粉、大枣、蜂蜜、红豆、肉桂、栗子、核桃以及松子等。

不过，人们并不是只在中秋节才吃松糕，就连二月初一的中和节也会吃。为了与中秋节吃的松糕加以区分，中和节吃的松糕叫作"朔日松糕"或"朔日松饼"。这种松糕的尺寸特别大，主人会按照每个人的年龄数将松糕切开分给奴婢们吃，寓意在于众人吃了松糕才会有力气，才会齐心协力耕种以求岁丰年稔。这也可以说是鼓励奴婢们的另一种方法。有一个与这种松糕相关的俗语是"大口碗里的松糕比不上碗盖里的松糕"，意思是说，食物中最重要的是制作者的款款深情，若是没有诚意与爱心，再珍贵的食物也会失去价值。这里的大口碗指的是宽口的瓷碗。这句俗语出自肃宗时期的一段逸事。某天肃宗到贫寒书生们的聚居地南山谷微服出巡，夜已经很深了，某间破旧的茅草屋里散发出幽暗的煤油灯光，并且传出了琅琅的读书声。朗读诗文的声音十分清亮，于是肃宗带着欣慰的心情从窗外往屋里窥探，就看到了正在读书的丈夫，以及他身边正在做针线活的年轻妻子。读了大半天书的丈夫对妻子说自己肚子饿了，于是妻子微笑着站了起来，从壁橱里拿出了两块松糕，放在碗盖上端了出来。书生高兴得不得了，赶紧拿起一个往嘴里塞，然后把剩下的那一个送到了心爱的妻子口中。看到这一幕的肃宗露出了心满意足的笑容，然后返回了宫殿。第二天，他把自己想吃松糕的念头派人传话告知了皇后。于是，皇后立刻命令宫女在巨大的大口碗里堆了满满的松糕呈送了过去。看到堆积如山的松糕之后，肃宗反而认为皇后把自己当成了一头猪，因此一怒之下把装着松糕的碗打翻在地。此后，"大口碗里的松糕比不上碗盖里的松糕"这句俗语就在民间流传开来。

入冬后调补身体的养生食品——煎药

最后要介绍的岁时饮食出现在被称为"冬至月"的农历十二月。"冬至"在民间自古以来就有小年之意，因此又称为"亚岁"，意思是这一天的重要程度并不亚于新年，而且冬至一到，新年就近在眼前了。关于冬至最具代表性的饮食冬至红豆粥的内容，在后面菜单中会有详细的说明，我们先介绍冬至月最佳的养生食品煎药。对大家而言，煎药或许听起来有点儿陌生，不过它可是冬至月中最好的进补圣品。煎药的制作方法是：先将牛皮熬煮成浓胶状，之后加入大枣膏、蜂蜜、干姜、被称为"官桂"的厚实月桂树皮，以及丁香和胡椒等，再经过长时间的熬制，煮好之后将其冷却结冻。煎药吃起来的口感就像现今所吃的果冻一样。《东国岁时记》中写道："内医院以桂椒糖蜜用牛皮煮成凝膏，名曰煎药以进，各司亦有造出分供者。"昌德宫里至今还留有从前熬煮煎药用的银锅。先在青铜火盆里用木炭点燃大火做准备，然后再把银锅放上去。为了防止食材长时间浸泡在水里，必须先把一个叫作"箅子"[1]的炊具架在锅里，接着再花时间慢慢熬煮即可。

---

[1]　原指平面有空隙的竹器，今泛称有空隙及用以隔物的器物。

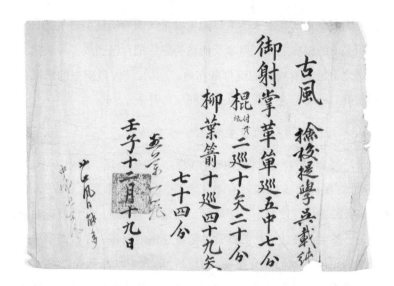

正祖赐给吴载纯的煎药古风文书：这是在正祖十六年（1792 年）十二月十九日，正祖赐予当时和他一同射箭的检校提学吴载纯的关于煎药做法的古风文书。这里的"古风"是指君王在射箭的时候，赐予随行大臣们的物品。
资料来源：韩国国立中央博物馆

　　煎药所需的材料和制作方法在《东医宝鉴》里有详细的记载。材料有：10 升白青、13 升阿胶、6 包优质肉桂、70 克干姜、25 克胡椒、15 克丁香，以及 0.8 升大枣去籽后留下的大枣肉。制作方法如下：第一步先熬制出胶质，即把牛皮、牛头以及牛足等胶原蛋白成分较为丰富的部位熬煮至浓稠状。接着，将大枣肉放在洞孔粗大的筛子里过筛，熬制成大枣膏之后，再与阿胶混合在一起。之后，将阿胶搅拌均匀，加入蜂蜜、干姜、肉桂、丁香以及胡椒等，再经过长时间的熬煮即可完成。不过在《是议全书》中，煎药并非使用牛，而是采用鹿角熬煮而成的鹿角胶；在申叔舟的文集《保闲斋集》里，则是把牛奶或马奶拿来当作煎药的材料。煎药像牛蹄片（足片）一样软绵绵的，却又比凉粉更有嚼劲。因为它有能让人们在冬天战胜严寒的效果，所以在宫里被拿来当作暖身补虚的食品。不仅如此，煎药还有安胎之效，孕妇若是吃了煎药，还可以安抚肚子里的宝宝。此外还有一个很有趣的说法，那就是从巫术的角度来看，据说煎药有驱除恶鬼的功效。

肃宗心爱的猫——金猫的故事

　　18世纪，为朝鲜中兴奠定基础的君王正是肃宗。肃宗是一个只要一生气就会按照自己的心意更换大臣，果断改变政治局面的君主，仁显王后和禧嫔张氏也都曾被他无情地抛弃过，可以说他是一位冷酷无情的人物。不过，即使是这样的肃宗也有过一颗慈悲温暖的心。肃宗曾经把一只因失去母亲而哭泣的幼猫收留在宫廷之中，让宫女们去照顾它。而且，他只要一有空就会去探视那只猫，并对它倾注了大量的关爱和真心，将那只猫养得非常漂亮。与此相关的记录，在肃宗时期的文人李夏坤的《头陀草》与金时敏的《东圃集》等作品中都可以看到。接下来，让我们来看一下金时敏所编写的《金猫歌》里的部分片段：

　　宫中有猫黄金色

至尊爱之嘉名锡

呼以金猫猫辄至

金猫独近侍玉食

御手抚摩偏恩泽

后来发生了一件不幸的事,这只金猫偷吃了呈送给肃宗的珍馐美馔,于是被判了罪并流放到外地。但之后却发生了一件神奇的事。一七二零年肃宗驾崩的时候,金猫竟然三天三夜不吃不喝,只是哀鸣着。听到这个消息之后,肃宗的继妃仁元王后命人再度把金猫带回了宫殿。回到宫廷中的金猫做出了什么样的举动呢?据说金猫一抵达宫殿,就立刻跑到供奉肃宗的殡殿里,低着头表示哀悼之意,在伤心了20天之后,它的生命也走到了尽头。仁元王后认为金猫的行为难能可贵,因此用绸缎包裹着它,将它埋葬在了明陵的一隅。肃宗时期发生了无数次血腥政治斗争和宫廷嫔妃间的明争暗斗,然而金猫的故事却给人们带来了一种平静的感动。

菜单 3-4　参鸡汤（清炖鸡）

为了"以热治热"而吃的养生食物

老板娘，我在这炎热的三伏天里远道而来，
全身疲软无力，好像快要不支倒地了。

我的老天爷，看看你这身汗，
这身长衫湿得也不成样子了，
好像一只掉进水里的小老鼠似的。

呵呵，怎么这么说我呢。
我只要吃了清炖鸡，马上就会恢复活力的，
快点去捉只幼鸡来吧。

哎呀，该怎么办才好？
因为今天是伏天，每个来的客人都点清炖鸡，
所以鸡肉全部都卖完了。

怎么会发生这么凄惨的事情呢？
我可是一心想着清炖鸡，
三步并两步地赶过来的呢。

不过为什么要在伏天吃清炖鸡呢？

请您先做碗酱汤给我吃吧，
趁您做饭的时间，
我来给您说个清炖鸡的故事。

为了战胜酷暑而食用的清炖幼鸡

自古以来，朝鲜人民在三伏天食用的代表性岁时饮食就是清炖幼鸡。依据《日省录》关于正祖时期的记事来看，生长多年的鸡称为"陈鸡"，孵化不久的鸡叫作"幼鸡"（软鸡），不属于陈鸡也不算是幼鸡的则称之为"活鸡"。一般我们提到清炖幼鸡时，这里的幼鸡指的就是出生不久的小鸡，韩文原来的说法是软鸡，顾名思义，也就是很柔软的意思。在三伏日，我们通常会吃参鸡汤，但是因为朝鲜时代人参还不普遍，所以当时的做法是：把幼鸡的肚子剖开，在里面放入糯米，将其用线缝起来之后再和整颗大蒜一起炖煮。这一道清炖幼鸡也是高贵的两班贵族家经常享用的菜肴之一。

关于鸡肉的特性，《本草纲目》中记载着：鸡性甘温，补虚温中，滋阴补阳。另外，《东医宝鉴》中也有这样一段话："黄雌鸡肉性平，主消渴，裨益五脏，添髓补精，助阳气，暖小肠。"正祖选在农历六月为年届花甲的惠庆宫洪氏举办进馔宴，是因为此时也正好是进贡幼鸡的时节。人参是具有代表性的滋补食品，在安神方面有卓越的效果，另外，体弱气虚的人吃了也可以补强元气。因此在中国和日本，人参早已是一种广为人知的朝鲜高级药材。但在朝鲜时代具有代表性的烹饪书《闺壶是议方》、《山林经济》、《闺合丛书》、《是议全书》以及《妇人必知》里，都找不到把人参加进鸡汤做成"鸡参汤"（一开始是称为"鸡参汤"）的任何记录。不过，书中却有一道将鸡肉加上调味料蒸煮而成的炖幼鸡菜肴（软鸡蒸）。

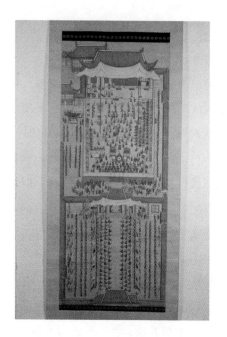

《奉寿堂进馔图》：该作品描绘了正祖出巡显隆园之行中最重要的活动——为
年届花甲的母亲惠庆宫洪氏举办进馔宴的场面。
资料来源：韩国文化财厅

　　只有 19 世纪末出版的烹饪书《是议全书》中提到了"将肉质鲜
美的幼鸡蒸熟捞起，将骨头全部剔除后撕成肉丝，就像在做辣牛肉汤
似的"等关于清炖幼鸡的烹饪方法。若是在这道清炖幼鸡中放入人参
的话，那么一道鸡参汤就完成了。鸡参汤里包含着阴阳五行的观念，
鸡肉是性平的食物，而人参则属于性温的药材，把鸡肉和人参组合起
来就变成了属性为火的食物。阴阳五行之说中的相克法则有"火克
金"之说，也就是烈火可以熔金之意，古话中有"金气伏藏之日"一

说，故三伏天属金，所以人们才会在三伏天吃鸡参汤。此外，用"以热治热"原理来推展的饮食疗法，更进一步将清炖幼鸡发展为后来的鸡参汤。每到烈日炎炎的季节，人体在大量排汗的同时，血液循环也会加快，从而导致体内能量和营养一同流失。而体内血液流量减少，会致使胃部变凉，让胃部功能减弱。所以，此时若是吃冰凉食物的话，可能会引起腹痛或腹泻。祖先们为了调理因盛夏而变得虚弱的肠胃，因此才开发出像清炖幼鸡和鸡参汤这样的食物。将性质温和的鸡肉、可以提供热量的人参、能温中健胃的大蒜与黄芪等一起炖煮，煮成的鸡参汤就是一道可以补充元气又能促进食欲的养生餐了。在汗流浃背的夏季，若是能够吃一碗鸡参汤，就会感觉重新获得了元气，古人说的"以热治热"就是这个道理。

专为君王打造的清炖乌骨鸡，以及参鸡汤的诞生

另外，宫廷里还有进贡而来的乌骨鸡，御膳房把它做成清炖乌骨鸡端上了御膳桌。乌骨鸡在唐朝时由中国传入韩国，是朝鲜时代最具代表性的进贡物品之一。《东医宝鉴》中也记载了乌骨鸡的特色与效用，从中可以得知乌骨鸡对受惊者、孕妇、中风者、神经痛或是跌打损伤的人有卓越的疗效。将乌骨鸡和糯米、大蒜、黄芪、刺楸、大枣以及栗子一起炖煮，一道清炖乌骨鸡汤就完成了。朝鲜时代还曾出现过清炖鸭和清炖雉鸡的菜肴，不过以雉鸡和鸭的情况来看，由于此二者肉的腥味比较重，因此比起做清炖鸡，清炖鸭和清炖雉鸡必须放更多的中药材才行。

在朝鲜时代，人参并不是一般家庭能够吃得起的常见之物，而是

一种十分珍贵的药材。所以,只有两班贵族在盛夏之际,为了增加鸡汤进补强身的效果,才会特意在清炖鸡里放入人参,做成"鸡参汤"来食用。19世纪之后,随着人参的"疗效"一说在中国和日本等海外传播开来,人参的重要性也日益凸显。后来,再加上农家也将人参视为商业作物的一种,开始广泛地栽植,因此人们才可以在市面上很容易就买得到人参。而原先称为"鸡参汤"的饮食,后来就在不知不觉之间把参字摆在前面,改名为"参鸡汤"了。

听说有人在研究性理学的书院里吃清炖鸡并饮酒作乐?

朝鲜时代的韩国是以性理学为主流的国家。处于朝鲜统治阶层的两班儒生们,为了成为饱学之士而努力不懈,一生都在探究儒学的深刻意义。而那些儒生们虔诚地沐浴净身、祭祀先贤并且研究学问的地方就是书院。首度将书院提升为国家正式地方教育机构的人就是被尊称为"东方朱子"的"退溪"李滉(1501—1570年)。1548年起,他开始出任丹阳郡守,后来由于其兄长李瀣被任命为忠清道观察使,基于相避制度,亲兄弟不能在相同的行政区域工作,因此他转任庆尚北道丰基郡守。他在丰基本地创立可以同时承担教育与祭祀双重功能的白云洞书院,并且将其发展成朝鲜最核心的地方教育机构。此外,"退溪"李滉还积极地向当时的君王明宗介绍书院的好处。于是,明宗亲书匾额并将其赏赐白云洞书院,除此之外,他还赐予该书院免税免役的优待,同时还给予土地和书籍方面的支持。在"退溪"李滉的极力宣传之下，白云洞书院成了韩国历史上第一家私设书院（后来改名为绍修书院）。随着岁月流转，全国各地好山好水的地方纷纷设立了传承儒家学问的书院。后来，辞官隐居的李滉致力于在陶山书堂培养后进学子，在他去世之后，陶山书堂在一五七四年改名为陶山书院。宣祖特意找了有"朝鲜书法第一人"之称的"石峰"韩濩为陶山书院写了一块新的匾额，由此可见陶山书院的重要地位及其备受敬重的程度。

但是，《朝鲜王朝实录·英祖实录》中却记载了由御史朴文秀揭露的陶山书院贪腐败坏的内容。据说，当时发生了儒生在陶山书院吃清炖鸡的事件，其内容如下所述。

> 兵曹判书朴文秀因安东毁院事上疏……仍盛陈书院之弊曰：
> 位至卿相（包括判书等在内，等同于现在长官以上的官职），有子显扬，则富豪避役（身役）之辈，乃倡建祠之议，本家子弟，干求于营闾（监营，现在的道厅所在地）守宰（州郡的守令），大创书院，丹碧焕然，奸民之恐冒军役者，一院投属，多至数百，征钱聚米，便同税敛之官，烹鸡杀狗，作一醉饱之场。为守令者，畏忌牵顾，白骨（死亡之人）邻族（关系相近的亲族）之弊，皆由于此。先正臣金尚宪后孙昌翕，近代高士也。尝有诗曰："退陶初肇白云祠，活国新民谓在斯。酒肉淋漓弦诵绝，滔滔百弊后人知。"……而臣力言不止者，岂无以哉？
>
> ——《英祖实录》，第 47 卷，英祖十四年（1738 年），八月九日第 3 篇记录

通过这篇记载我们可以发现一件令人惊讶的事，那就是在用来纪念"退溪"李滉的朝鲜学问殿堂，也就是陶山书院里，竟然会有两班贵族们摆设酒席甚至还煮清炖鸡或狗肉汤来吃的现象。后来兴宣大院君将全国 600 多家书院减少到只剩 47 家，他会进行变革也就完全可以理解了。

菜单 3-5　豆沙糯米糕、红豆粥

为了驱赶家中妖魔鬼怪而熬煮的红色食物

哎呀，
你来得正好。

老板娘，
发生什么好事了吗？

昨天举行了祭祀，
所以做了祭祀糕呢。

呵呵，
那真是太感谢您了。
不过不知道您这里是否有
冬至吃的红豆粥呢？

怎么可能会没有呢，
要不要给您来一碗？

感谢您。
果然在冬至啊，
来碗红豆粥是最棒的。
为了感谢您的红豆粥，
我就来告诉您
关于为何要煮红豆粥的故事吧。

为了祭祀家神而准备的豆沙糯米糕

祭祀糕是指为了祭祀而制作的糯米糕。至于祭祀（告祀）一词源自何处，目前已经无法得知。不过依据"六堂"崔南善的分析，他认为祭祀（告祀）应该类似于"敬神"（고시레）或"跳神"（굿）这种风俗，不过它不是指找巫师来跳大神，而是一种中等规模的仪式。

成造（成造神）：家神之中负责守护房屋的是成造神。这是象征成造神的圣物，是用韩纸、米粒、树枝以及棉线等物品制作而成的。
资料来源：韩国国立中央博物馆

在韩国的传统中，祖先们一般会在十月上旬的时候，一边怀着对当年收成的感激之情，一边将糯米糕、新鲜水果以及酒等食物摆在供桌上，真心诚意地进行祭祀。特别是在被称为"安宅"的祭拜仪式中，百姓会更加虔诚地向家神祈求家人们平安健康。《东国岁时记》

里也写道："邀巫迎成造之神，设饼果祈祷以安宅兆。"小的时候，笔者妈妈也会把蒸好的祭祀糕放在家中的各个角落里，然后不停地搓着双手，向神明祈求家人长命百岁、福气连年，这样的画面至今依然历历在目。家神各自有其所管辖的领域范围。其中，最具代表性的神就是"成造神"了，成造神是家中地位最高的神，他负责建造并守护房子，掌管家中大小事务，并保佑家里一切顺利。此外还有灶王神、地主神和厕神。灶王神又称"灶神"，他是掌管厨房的神。地主神通常也称为"地基主"，大多位于酱缸台附近，他是守护家宅基地安宁并且为人们带来财运的神。厕神则是位于成造神之下的女神。笔者的舅妈曾经想把百年韩屋改建为现代式的住宅，可是外婆却坚持不肯让她变动原有的厕所。舅妈拿她没有办法，只好把传统的厕所保留了下来，另外再建了一间现代化的厕所。这也许就是因为外婆认为厕神是家庭的守护神，而且也是成造神支配的重要神明吧。也正因此，老一辈的人在进厕所时一定会干咳一声，借此来提醒厕神，让她知道有人要进去方便。祭祀的时候，家里会将做好的豆沙糯米糕放在各个角落，用意即祭拜这些神明。祭祀时用的糯米糕蕴含着驱鬼辟邪之意，所以制作时一定会加入通体红色的红豆，因为据说鬼怪害怕红色，一看到红色就会逃走。放置祭祀糕的地方除了成造神居住的房梁、地主神居住的酱缸台和院子、灶王神居住的厨房以及厕神所在的厕所之外，还包括三神婆居住的卧室、猪圈、牛棚、大门客厅以及水井等地。另外，负责主持祭祀的主妇还会不停地搓着双手，诚心诚意地祈求合家平安、健康无病、福运连连。祭祀结束之后，主妇们就会让孩子们把这些豆沙糯米糕拿去分给左邻右舍一起享用。

如同祈祷时的虔诚心意，祭祀时所供奉的食物也是精心制作的。首先，制作祭祀糕的时候一定要用刚收成的新米。把大米放在石臼中磨碎，在凌晨起床，诚心诚意地把糯米糕放入蒸笼中蒸熟。其次，除了制作豆沙糯米糕之外，祭祀时也会准备明太鱼干、三色丝、野菜、汤品以及烧烤等其他祭品。汤要按照祭祀要求的方式来准备，将牛胸肉熬成高汤，再放入萝卜和豆腐一起熬煮；烧烤则是准备白菜煎或萝卜煎即可。为了避免食物沾染晦气，开始制作前还要先行沐浴斋戒，并且所有的行为举止都必须小心谨慎。人们会带着虔敬的心在灶里点火，舀起清水往蒸笼的方向挥洒出去，然后用松叶沾水洒在灶口的周围。从前的人认为若是犯了忌讳的话，那么糯米糕就无法蒸熟，紫菜也会发出"噗噗"的声音，变成半生不熟的状态。若是家中有怀孕的妇女，也会先让她到其他地方回避一下。

为了驱鬼而在冬至这天喝的红豆粥

说起这种食物，每到冬至时家家户户都会吃，而且它的重要性也不亚于豆沙糯米糕，不错，答案正是红豆粥，它同样有驱逐百鬼的辟邪作用。用红豆粥来祭祀时，人们首先会把红豆粥端到祠堂的供桌上，然后，再把用碗盛装的红豆粥放在家中的各个角落。甚至有人还会把红豆粥洒在墙壁上，因为古人认为这么做可以把想进家门的恶鬼赶出去。

其实，用红豆粥驱赶鬼怪的风俗源自中国。在 6 世纪的南北朝时期，梁人宗懔将荆楚地区的主要传统节日及风俗记录下来编写成了《荆楚岁时记》。书中记载了如下内容："共工氏有不才之子，以冬至日死，为疫鬼，畏赤小豆，故冬至日作赤豆粥以禳之。"由于冬至这天死去的疫鬼害怕带有鲜红色泽的红豆，因此后来才演变成了在冬至熬煮红豆粥来驱魔辟邪的风俗。这样的说法也被《东国岁时记》拿来引用。不过英祖认为这个说法毫无根据，并不足以采信，因此他下令禁止百姓将红豆粥洒在墙上的行为，可见这是一个相当具有科学思维的人。

> ……而至日豆粥，虽曰为阳生之义，至于洒门共工氏之说，不经甚矣，亦命置之，今闻内赡尚进排云，此后洒门豆粥其除之，以示予正谬俗之意。
> ——《英祖实录》，第 115 卷，英祖四十六年（1770 年），十月八日第 1 篇记录

根据每年冬至所在阴历日期的不同，冬至也有不同的名称，倘若冬至出现在上旬，那就叫作"儿冬至"，出现在中旬的话是"中冬至"，在下旬则称为"老冬至"。古人在中冬至和老冬至时会熬煮红豆粥，儿冬至则不煮红豆粥。因为古人认为儿冬至熬红豆粥的话，会给那个家庭的孩子带来不好的影响。虽然儿冬至无法熬煮红豆粥，不过古人还是会做豆沙糯米糕来吃。红豆粥虽然是一种岁时饮食，但是人们不仅在冬至，而且在其他月份也会吃，不过冬至那天吃的红豆粥有增加年岁的意义，所以人人都非吃不可，而且人们还会在红豆粥里加入与自己年龄数字相应的鸟蛋。古时候的人认为，冬至这天不吃红豆粥的话就容易生病，并且会有恶鬼给家里招来坏运，不仅如此，不吃

红豆粥还会加快人们衰老的速度。至于熬煮红豆粥的方法，在徐有榘所著的《林园经济志·鼎俎志》中有记载："蒸熟红豆，与碾成粉的粳米一起熬成粥，把糯米粉做成鸟蛋形状，再放入红豆粥里煮过，煮好后与蜂蜜一起吃。当天将红豆粥洒在门板上可以辟邪。"将红豆粥洒在门板上，即是以《荆楚岁时记》的记载为依据的。

英祖在某年的冬至去祭拜过世的母亲，回程的路上把红豆粥分给了街上的老人家，这件事在《朝鲜王朝实录·英祖实录》中留有记录。书中描述得相当生动，乞讨者们在寒冷的冬天里吃到了宫女们分发的热腾腾的红豆粥，他们激动的身影仿佛就在眼前似的。

> 毓祥宫展拜，回驾历余庆坊，命召本坊民年六十以上者，于路上赐米。又命宣传官，率来钟街乞人，馈豆粥，以是日冬至也。
> ——《英祖实录》，第 115 卷，英祖四十六年（1770 年），十一月六日第 1 篇记录

这里所说的"毓祥宫"，就是指供奉英祖生母淑嫔崔氏牌位的地方。后来，人们将 7 位生下朝鲜君王的后宫嫔妃牌位一同安置于此地，因此此地也被称为"七宫"。英祖对淑嫔崔氏怀有至高无上的孝心，所以经常到毓祥宫上香祭拜，也正因此，冬至那天他从毓祥宫参拜回来的路上，才会对百姓施行了这样的仁政。韩国人每到冬至总是会想到红豆粥，它寄托着人们对故乡的思念之情，也引发了诗人的创作灵感。下面介绍的诗是朝鲜后期的文臣"溪谷"张维在自己的文集

中写下的，他是如何以冬至和红豆粥为主题创作出一首诗的呢？让我们一起来欣赏一下。

……

煮豆清晨粥

吹葭玉管灰

鹓班组朝贺

衰疾自生哀

——《溪谷集》，第 29 卷"阳生（一阳始生）日漫吟"

诗名中出现的"一阳始生"指的就是冬至，此时阳气初次出现在天地之间。诗文的大意如下，张维在冬至的早晨煮红豆粥来吃的时候，忽然想到春节马上就要来临了，此时正是大臣们列队向皇帝行朝贺礼之际，而自己却因年老病残不能参与其中，于是他不由心生感慨。

寄托着英祖对母亲至诚孝心的昭宁园

英祖的母亲淑嫔崔氏出身于宫女中身份最低下的水赐伊，即必须服侍嫔妃们洗漱或做洗衣打扫等杂役的内人。英祖为了将母亲的坟墓升格为陵墓，不惜与大臣们发生口角。他在登基 29 年之后，才终于让母亲原来的墓宇升格为世子和后宫嫔妃专用的"园"。她的陵墓正是现今的史迹第 358 号，也就是位于坡州市广滩面灵场里的昭宁园。

　　在朝鲜时代，君王和王妃的坟墓上会带一个"陵"字；世子和世子嫔的坟墓则称为"园"；大君、公主、翁主、后宫嫔妃以及贵人的坟墓则是和一般百姓一样叫作"墓"。在英祖还是延礽君的时候，淑嫔崔氏非常疼爱他，后来，她在一七一八年三月十九日逝世，也就是在英祖即位的 6 年前就过世了，享年 49 岁，因此她被埋葬的地方仅仅称为"墓"而已。英祖无论如何都想要将母亲的坟墓升格为"陵"，但是，此想法却遭到了朝廷大臣们强烈的反对，提案屡次未能通过。

昭宁园：这里是英祖母亲淑嫔崔氏（1670—1718 年）的墓地。目前，此地并未开放给普通人参观。

昭宁园里也配置有代代守护王陵的官吏陵参奉（守陵官），关于这里的陵参奉，有一个故事流传至今。有一天，英祖在慕华馆的附近遇见了一位卖树的樵夫，他询问樵夫这些树是从哪里来的，樵夫就跟平时回答客人说的一样，说是从"昭宁陵"来的。英祖一听，立刻把这位樵夫叫到诸位大臣面前，并且询问他相同的问题，樵夫也做了同样的回答。接着，英祖马上大声呵斥大臣们，怒气冲冲地骂道："百姓们都已经称之为昭宁陵了，为什么只有朝廷的大臣们还坚持说那是昭宁园呢？"英祖赐予了这位樵夫通训大夫的官职，让他留在陵园里负责照顾树木。此后，昭宁园里就出现了代代相传的陵参奉、负责巡视陵园的陵巡员以及守卫并管理陵墓的陵守仆等职位。在英祖曾经亲自居丧守墓的昭宁园里，现在还留有一座他当时立下的追悼碑，碑文的最后一句写道："把笔忆写涕泗被面。"足见英祖对母亲的深情与孝心。

第四章　根据身份不同而有所区别的食物

并非人人生而平等的时代
对一些人来说是一种奢侈
但对另一些人来说却只是平凡的一餐

菜单 4-1 驼酪粥、神仙炉（悦口子汤）

端上朝鲜最高统治者御膳桌的饮食

这位书生，您有没有听到那个消息呢？
听说君主即将出巡，
途中会到我们这里的温泉来呢。

我也听说了，
老板娘，不过您看起来
好像一副对君王出巡一事很关心的样子呢。

可能因为我是做菜的人吧，
所以对君主吃的膳食，
总是感到十分好奇。

也许是因为在出巡中，
所以大多是吃进贡的驼酪粥。
若是像平时一样待在宫里的话，
或许就可以随时享用悦口子汤了。

驼酪粥是什么？
悦口子汤的话，
我倒是有听过。

这是呈给君王享用的珍贵食物，
关于君王御膳桌上的各种菜肴，
让我来为您一一介绍吧。

曾经摆满各种珍贵食物的君王餐桌——御膳桌

这次要介绍给大家的是君王餐桌上的食物——驼酪粥和悦口子汤，悦口子汤又叫作神仙炉。不过在这之前，我们要先了解一下关于君王御膳桌（水刺床）的大小事。"水刺"一词源自蒙古语，意思是"国王和王妃享用的膳食"，而御膳桌（水刺床）即供君王用餐的饭桌。烹调膳食的地方则叫作水刺间。《太祖实录》中曾经提到，在建造景福官的时候，君王办理公务的正殿预计建5间，而水刺间则会建4间，数量完全不亚于正殿。由此可见，水刺间不仅重要，而且规模也是相当大的。但是，一八二八年到一八三零年绘制的《东阙图》中可以看出，宫廷中的厨房不只有水刺间，还有一个标示为"烧厨房"的地方。关于如何区分水刺间和烧厨房这个问题，虽然目前仍有一些意见分歧，但是大致上可以这样认为：古人会先在烧厨房使用火来烹饪食物，然后将其送到水刺间，之后再呈到餐桌上。烧厨房分为内烧厨房和外烧厨房。内烧厨房是准备王室日常饮食的地方，而诸如举办进丰呈、进爵、进宴以及授爵等大型宴会，或者在璇源殿等地举行茶礼、祭祀或告祀等活动时，所需要的食物则是由外烧厨房负责准备。还有一个叫生果房的地方，除了御膳之外，平时王室食用的各种粥品、甜米露、茶点、水果、糕点等都由这里负责制作。

虽然食物是在烧厨房里烹调，但是将食物端上御膳桌的工作则是由内侍府与内命妇负责。内侍府的宦官负责管理并监督呈到御膳桌上的菜肴，而被称为"水刺间次知尚宫"的厨师尚宫则负责制作君王御膳桌上的菜肴。那么御膳桌要在何时摆放，一天又要呈上几次呢？御膳桌一天要端上5次，除了一大清早要呈上的"初早饭"，早餐时的

御膳桌：图中是早晨和晚上呈给君王的餐食——御膳桌所呈现出来的样子。
御膳桌总共有12碟菜肴，分别以大圆盘桌（元盘）、小圆盘桌（挟盘）和册
床盘（方桌）来盛装。
资料来源：韩国文化财厅

"朝水剌"以及晚餐时的"夕水剌"之外，中午呈上的是叫作"昼茶小
盘果"或"午膳"的点心，深夜里准备的则是叫作"夜茶小盘果"或
"夜餐"的点心。一大清早会端上粥或米汤等初早饭，过了10点就会
准备朝水剌。中午的昼茶小盘果会准备茶点，下午5点左右就会提早将
晚膳的夕水剌端上来。然后，深夜里则是呈上名为"夜茶小盘果"的消
夜，餐点通常是八宝饭（药食）、甜米露或面点类的食物等。但是，像
英祖这样厉行节俭的君王，不仅在干旱的时候减少了菜肴的数量，而且
平时也没有按照规矩准备5次御膳桌，而是减少到只有3次而已。

端上御膳桌的食物以 12 种菜肴为基准。为了伺候君王用膳，摆放着基本菜肴的大圆盘桌、又称为"挟盘"的小圆盘桌以及册床盘（方桌）都会一起端出来。敬献给君王的米饭有两种，"白饭"指的是白米饭，"红饭"则是指加入红豆做成的米饭。汤也有两种，有称为"藿汤"的海带汤，还有牛骨汤。当然，三种御膳桌上的食物摆放方式也都有制式的规定。大圆盘桌前排左侧放的是米饭，右边是汤，旁边再放两套银制的匙筷。第二排放吐鱼刺或骨头的吐具（吐口），以及清酱、醋酱、醋辣椒酱、鱼露和芥末酱等各种酱料。大圆盘桌中央则摆放烧烤、白切肉片（片肉）、鱼虾酱、蔬菜以及酱菜等食物，中央往后一排摆放干货菜肴、炖菜、煎油鱼和蔬菜等，最后一排则是摆放当时称为"沈菜"的各种泡菜，包括水萝卜泡菜以及酱汁泡菜等。另外，称为"挟盘"的小圆盘桌摆放的是火锅、红豆饭、一套银制匙筷，还有西式汤匙和象牙汤匙等。后排则放属于风味饮食的生拌牛肉（肉脍）和水蒸蛋（水卵），还有三个银碗。最后一排用可以加热的器具盛装锅巴水和茶，以及三个瓷碗。最后，册床盘（方桌）上的前排左起放置牛骨汤、餐具和烧烤，后排则是放火锅、辣椒酱炖菜以及鱼露炖菜等菜肴。

在如此精心摆设的各式餐桌前，尚宫们会随侍在侧，侍候君王用膳。特别是坐在册床盘（方桌）前的水剌尚宫，她会把银制的火锅放到点燃炭火的风炉上，将火锅煮熟之后，以即席饮食的方式呈到君王面前。还有我们所熟知的气味上宫，她会坐在小圆盘桌前方，专门负责检查食物的好坏，并且确认是否有毒，这项工作一般都会由从小服侍君王或王后的人来负责。

包含珍贵药材的驼酪粥与给人带来快乐的神仙炉

驼酪粥是在君王御膳桌的首餐，也就是初早饭里呈上的一道食物。驼酪粥的"驼酪"一词是指牛奶，该词来自游牧民族突厥使用的语言"塔拉克"（Tarak）。从《朝鲜王朝实录·明宗实录》中来看，驼酪粥是宫廷专为君王做的滋补饮食。大臣尹元衡因随意把拥有挤牛奶技术的酪夫找来，做了驼酪粥之后和子女妻妾一起享用，而遭到了大司宪的揭发。由此可见，朝鲜时代的牛奶是只有君王和王族才能吃的珍贵食材。《东医宝鉴》中甚至将牛奶介绍为治疗"樱桃疮"的特效药。樱桃疮是指脖子上长出的如樱桃般大小的疮疱。因此，从高丽时代开始就有了专门负责管理牛奶的官厅，朝鲜时代也设有一处名为"驼酪色"的专责机构来管理放置在此的牛奶。围绕汉城的四座山合称为内四山，其中之一的骆山又称为"骆驼山"，该名称正是源于此地有一座供应王室牛奶的牧场。在朝鲜时代，生产牛奶的牛是现在被我们称作韩牛的黄牛，而不是近代那种身上有斑点图样的乳牛。当时要进贡给宫廷的牛奶，是必须等母牛产下牛犊的时候才能挤的，因此显得更加珍贵。

驼酪粥是内医院在十月初到正月这段时间用挤出来的母牛牛奶制成的。内医院会先将刚收成的新米磨碎，然后，再加入牛奶制成驼酪粥并将其呈到君主的御膳桌上。君王并不一定会自己享用，有时候他会将其呈送给大王大妃等宫中的长辈，或者是将其当作赏赐品赐予耆老所的大臣们。历史上有许多关于驼酪粥的文献，像是李晬光所著的《芝峰类说》、凭虚阁李氏的《闺合丛书》、20世纪初出版的《妇人必知》以及方信荣的著作《朝鲜料理制法》等。

　　特别是在药房妓生与喜欢驼酪粥的高宗之间，还流传着一段脍炙人口的小故事。隶属于内医院的医女也被称为"药房妓生"，自从燕山君强迫医女充当妓生之后，医女便被冠上了这个称号。王宫里的药房妓生每个月总有一两次以查看高宗健康状况为由进入高宗的寝殿。药房妓生虽然带着针灸盒进去，实际上却是与高宗谈情说爱、共度春宵。当晚药房妓生会与高宗共寝，第二天早上，作为初早饭的驼酪粥就会送进来。由于高宗会把驼酪粥分给药房妓生一起享用，因此，承受恩宠的药房妓生又有个称呼叫作"分酪妓"。呈上驼酪粥的时候，还会有一两道干货菜肴一同送上来，通常的菜色是拌明太鱼干、拌干明太鱼松，以及将昆布打结后油炸而成的炸昆布等。另外，还有以虾酱调味所煮成的清汤，以及萝卜片水泡菜和水萝卜泡菜等口味清爽的汤汁泡菜。为了方便君王调整口味，盐和蜂蜜也会一起呈上来。

　　接着，让我们一起来认识这一道宫廷最美味的食物，最多可以加入 25 种食材的悦口子汤。宫廷饮食"悦口子汤"，其名称有"口感令人愉悦的汤品"之意，另外，它还有一个名字叫作"神仙炉"。关于神仙炉的由来和传说，最早记载的文献是朝鲜末期文臣兼书法家崔永年在一九二五年出版的《海东竹枝》。书中流传的故事提到，悦口子汤并不是在宫中诞生的食物，而是由为了躲避士祸而遁世为僧的"虚庵"郑希良在山涧生活时所发明的一道菜肴。从故事的内容来看，"虚庵"郑希良在燕山君时期因戊午士祸而被流放到了义州，他不仅擅长写诗，而且通晓阴阳学，因此有预测自己命运的能力，他还推算出了今后会出现规模更大的士祸。而后他遭逢母丧，于是在前往为母亲守丧之地的途中出家为僧，进入深山修道，之后就再也没有出山。

"虚庵"郑希良化名为"李千年",在过着僧侣生活的同时,也到全国各地游历。据说有一天,"退溪"李滉在小白山读《周易》时遇到了他,虽然李滉极力请求他再度出山,但是他说自己是个不忠不孝之人,因此拒绝了李滉的要求,然后就忽然消失了。《海东竹枝》里讲述了这样的逸事:脱离世俗而过着神仙般生活的"虚庵"郑希良,依据传说中神仙的吃法,将各种蔬菜放入火炉里煮熟之后才食用。郑希良仙逝之后,后人便将这道菜称为"神仙炉"。悦口子汤的火炉中间有一个能烧炭火的圆筒,烧火之后,在相连的锅中放入食材煮熟即可食用,在传说故事的影响下,悦口子汤后来才会叫作"神仙炉"。写这篇文章的时候,笔者也想起了小时候做"神仙炉"给我吃的母亲。自从母亲去世后,这个神仙炉就被笔者"占为己有"。神仙炉的样子很像祭祀用的祭器,只是中间多了一个放置木炭的装置而已。

悦口子汤的记载从 18 世纪开始出现。英祖时期担任翻译官的李杓在他一七四零年所著的《谀闻事说》中,曾经这样介绍过一道叫作"悦口子汤"(热口子汤)的菜肴。锅子的中间立着一个圆筒,圆筒中可烧木炭,将猪肉、鱼肉、雉鸡、红蛤、海参、牛肝、鳕鱼、面条以及饺子等食材排列在锅炉的外围,然后再把葱、蒜以及芋头等均匀地放置在上面,倒入清汤后煮至沸腾。人们围坐在一起趁热食用,无论是在户外聚会还是在冬夜里摆设酒席都很适合。书中特别提到,煮悦口子汤的器具是韩国人从中国买回来的,暗示了悦口子汤原本应该是诞生于中国的食物。

徐有榘著述的《林园十六志》中,虽然详细地说明了盛放悦口子汤的器具,但是却没有关于神仙炉的记载。书中写道:"用黄铜做成

神仙炉：这是煮悦口子汤的器皿，半球形的器皿中间装有一个狭窄的圆筒容
器，底部有一个灶口。
资料来源：韩国国立中央博物馆

锅，中间立了一个铁制圆筒，锅的形状像一个宽嘴的缸子，并且附有
锅盖。在圆筒中放入与手指同等长度的木炭，圆筒的四周形成池子状
（池塘模样），可以倒入 7 至 8 碗水。将水注入之后再倒入酱汤，盖上
锅盖，在圆筒里点燃炭火煮至沸腾。待汤煮至滚烫，将食材都煮熟之
后，即可用汤匙舀起来吃。"

　　不过，赵在三在 19 世纪中叶所著的《松南杂识》中，并没有使
用悦口子汤这个名字，而是用了另外一个名称"悦口旨"。悦口子汤
又称为"神仙炉"，最早出现这个说法的文献是《东国岁时记》。洪锡
谟在《东国岁时记》中提到，吃悦口子汤是汉城冬季的风俗，文中写

道："自是月为御寒之时食……又以牛、猪肉杂菁瓜荤菜鸡卵做酱汤，有'悦口子神仙炉'之称。"

通过这些记录，我们不仅可以确认"神仙炉"这个名称出现的时间，还可以得知原先是宫廷饮食的悦口子汤，在 18 世纪以后以简化的形式出现在民间，成了一道百姓们在冬季不可或缺的食物。当然，宫中制作的悦口子汤更为高级，是民间制作的悦口子汤所望尘莫及的。在宫廷菜肴中，御膳房会用牛肉丸子、牛肝、牛肚、芹菜和鱼肉等做成各式煎饼，再把各种蔬菜华丽地摆放上去，最后加入银杏、核桃以及松子等坚果。这样的食物光是看着就让人觉得胃口大开，煮出来的汤头更是一绝。另外，宫廷中的锅具使用的是银制的神仙炉，而不是民间使用的那种黄铜器具。"茶山"丁若镛在昌德宫奎章阁担任检书官的时候，曾经回想起正祖赐予他的悦口子汤，写下了这样一首诗：

> 奎瀛校字夜迢迢
> 学士燃藜对寂寥
> 悦口子汤宣赐至
> 领来者是柳明杓
> ——《茶山诗文集》，第 6 卷，松坡酬酢，先朝纪事

如果现代的男性主厨们出现在宫廷里的话

在现代社会，称为"主厨"（chef）的顶级烹饪专家以男性居多。

同样，朝鲜时代也是由男性来总管宫中饮食的，其职位称为"饭监"。饭监一职虽然属于"阙内各差备"（阙中为了特殊事务而临时任命的职务），但是官阶可以升至从六品。在饭监之下，掌管各司的人以完整的分工体系进行烹饪工作。负责肉类食物的是"别司饔"，煮饭的是"饭工"，烧烤由"炙色"担任，而准备豆腐的则是"泡匠"，备酒的是"酒色"，泡茶的是"茶色"，负责年糕的人叫作"饼工"，专职炖煮的人是"蒸色"等等。

《宜宁南氏家传画帖》中的《宣庙朝诸宰庆寿宴图》：自太祖年间起，包括中宗、明宗、宣祖及英祖时期在内，宫廷中的特定事件或活动皆有宜宁南氏家族的参与，此即为纪念宜宁南氏而制作的画册锦集。这是其中一幅图画《宣庙朝诸宰庆寿宴图》，一六零五年宣祖为宰臣们年迈的母亲举办了庆寿宴，画面中就出现了职位为"熟手"的男性厨师们烹饪食物的场景。

资料来源：韩国文化财厅

　　举行宴会的时候，通常会需要大批强而有力的男性厨师，他们正是一群叫作"熟手"的人。由于宴会上的食物不仅盛装在底部很高的高杯餐具上，而且还会堆到 30 厘米至 45 厘米的高度，因此，完成这项工作必须借助"熟手"们的力量。依据记录一八八七年神贞王后赵大妃万庆殿八旬寿宴的《进馔仪轨》，她的八旬寿宴从两年前就已经开始准备了，甚至还进行了预演，据说光是熟设厅（举办国宴时的烹饪场所）的规模就有 190 间之多，"熟手"的人数也超过了 100 位。负责在阵前指挥熟手的领班称为"待令熟手"，这是一份世袭的工作。不过在一九零七年，以"海牙密使事件"为契机，高宗被迫让位，宫廷里的大批"熟手"也受命退居到了宫外。他们为了维持生计而开始经营餐厅，向老百姓展示了何谓宫廷饮食，据说，就连掌握第三共和国权力的政治人物也经常出入他们经营的大型韩式餐馆。

菜单 4-2　油蜜果（药果）

虽然是君王的食物，但同时也是人们夸耀财富的奢侈茶点

老板娘，大半夜的，我的肚子有点饿了，
零食之类的也好，请给我一点吃的东西吧。

你以为我这里是什么皇宫内院吗？
在我们这种穷乡僻壤，
哪里会有什么消夜点心呢？

也是，您就当我是痴人说梦话吧。

有干的锅巴，您要不要来一点？

就算只有干锅巴，
也足以抚慰我饥肠辘辘的肚子了。
那么作为您提供食物的回报，
我就把两班贵族家里
制作油蜜果的方法告诉您。

这点小事不足挂齿，
而且即使我想做也无能为力，
现在光是养家糊口就很吃力喽。

话虽这么说，
不过到天亮还有一段时间，
您就听听油蜜果的故事来打发无聊吧。

君王的茶点中最常出现的油蜜果

在现代，虽然"油蜜果"这个词已经不再使用了，不过药果和江米块应该还是能经常听到的。油蜜果的做法是：先在面粉中加入芝麻油和蜂蜜混合搅拌，和成面团之后用油炸过，炸好之后再裹上蜂蜜即可食用。油蜜果是一种高级的点心。江米块并不算油蜜果的一种，一般称其为"油果"，和用面粉做成的油蜜果不同，油果是用糯米粉做成的点心。

由于朝鲜时代没有工厂，因此所有糕点都是人们手工制作的。然而，当时的普通百姓连吃一顿饭都成问题，当然无法制作像油蜜果这样必须用到蜂蜜、芝麻油以及松子等珍贵食材的点心。所以，若不是经济条件优渥的家庭，一般人家是没有办法吃到油蜜果的。油蜜果中最具代表性的一类就是药果。"药果"依其字面意思可以解读为"可以当药吃的果子"。李睟光在《芝峰类说》中提到，药果是用面粉、蜂蜜和油一起做成的，对身体十分有帮助。另外，凭虚阁李氏也在《闺合丛书》中说过和李睟光相似的话，书中说道："蜜是四时精气，清是百药之长，油能杀虫与解毒故也。"这里提到的"清"即指蜂蜜，在制作油蜜果的过程中，一定要有在炸好的果子上淋上蜂蜜这道步骤。

油蜜果依据形状不同而有各种名字。宫廷中用美丽的花形模具做出来的称为"药果"，个头大的叫作"大药果"，小一点的就叫作"小药果"，用茶餐模具（茶食板）压制出来的叫作"茶食果"，有着棱角分明四角形状的是"角药果"，在面团上用刀子划出"川"字的模样，然后翻成麻花状放到油里炸成的是"梅雀果",放入大枣内馅做成饺子形状的则是"饺子果"(馒头果)。其中的梅雀果也称为油炸蜜果,因为其外形呈现麻花状,容易让人联想到吃这种油蜜果可能会导致婚姻不顺利,所以人们不会将其用于喜事(吉礼),而只有在举行祭祀时才会制作。药果和茶食果等油蜜果则是呈给君主的午膳和夜茶小盘果中经常出现的食物之一。

《园幸乙卯整理仪轨》中详细记载了正祖为了呈献给母亲惠庆宫洪氏而准备的食物。在抵达始兴行宫后,光是在给惠庆宫洪氏准备夜茶小盘果的餐桌上,就足足放了17碗菜肴。涂着黑漆的小桌子上,仅作为装饰用的鲜花就有11种,17个碗中盛放的食物,有用蜂蜜熬煮新鲜水果做成的蜜饯(正果),当然也少不了油蜜果。油蜜果原本是高丽时代的佛教燃灯会和土俗信仰八关会中使用的食物,当然,在其他大大小小的宴席上,它也是王族、贵族、寺院和富庶人家中不可或缺的一道点心。高丽时代之所以会大量使用油蜜果,是因为当时的国教是佛教,而佛教禁止杀生,所以不能把肉类当作祭祀用的供品,也无法将其拿来用在其他各种宴会饮食上,因此取而代之的就是油蜜果了。

如果打算做油蜜果,那么不仅需要准备面粉,还要准备大量的蜂蜜、油、肉桂以及松子等高级食材。为了做这道点心,家家户户可都是累得人仰马翻。在《闺壶是议方》里,有一篇关于"药果烹调方法"的文章。"在10升面粉里加入2升蜂蜜、0.5升油、0.3升酒、0.3升滚沸的水,和成面团捏制成形,将其下锅油煎。之后,用1升蜂蜜加入0.15升的水拌匀调成蜜汁,裹在油炸好的面团上即可。"后来的制作方法日益改进，面团中会加入清酒或烧酒，另外，蜜汁里也会加入肉桂粉、胡椒粉、生姜粉或生姜汁等调味料，将其混合拌匀后再洒上松子作为点缀。

就连宫廷里也觉得过于奢侈而禁用的茶点

正因为制作油蜜果需要使用如此豪华的食材，所以，在物价上升或干旱来临的时候，宫廷就会下达禁食油蜜果的命令。与此相关的记录出现在《高丽史节要》里，让我们来看一下明宗二十二年（1567年）的这篇报道吧。

今俗尚浮华，凡公私设宴，竞尚夸胜，用谷粟如泥沙，视油蜜如沈滓，徒为观美，靡费不贷，自今禁用油蜜果，代以木实，小不过三器，中不过五器，大不过九器，馔亦不过三品，若不得已而加之，则脯醢交进，以为定式，有不如令，有司劾罪。

——《高丽史节要》，第13卷，明宗二十二年（1567年），五月记录

忠宣王二年（1310年／庚戌年）七月的文献中也有相关记录，在迎接君王的时候，规定只能以山台戏来欢迎他，而在公私宴会上呈献油蜜果，或是用金子、绸缎来做装饰等事情则一律禁止。不过，另一方面也有资料记载，因为油蜜果滋味绝佳且用料奢华，所以不仅在韩国，就连在元朝也是一种广受欢迎的点心。在《高丽史》中有一段内

容记载着，忠烈王在参加秦王公主和世子的婚礼时，从高丽带了油蜜果前往赴宴，并且将其使用于宴会上。

　　壬辰日，王（忠烈王）与公主谒帝，遂侍宴于长朝殿。

　　世子以白马八十一匹纳币于帝，尚晋王甘麻剌之女宝塔实怜公主。宴用本国油蜜果，诸王公主及诸大臣皆侍宴。

　　——《忠烈王》二十二年（1296年），十一月记录

　　李圭景在19世纪出版的百科全书《五洲衍文长笺散稿》中也有提到，当时参加宴会的元朝诸位藩王、公主和大臣们都对油蜜果赞不绝口。从此之后，油蜜果即成了高丽糕点的代名词，被元朝人称为"高丽饼"，并在元朝统治期间一直享有很高的人气。在朝鲜时代，油蜜果也被人们视为一种奢侈品，除非是为迎接明朝使臣而准备的"宴享"、摆设花甲宴或举行婚礼，否则，制作油蜜果就是一件被禁止的事情。在《日省录》于正祖十六年（1792年/壬子年）的记录中，左议政蔡济恭曾经说道："陵寝祭享时油蜜果，即四百年已行之例。"另外，同一篇记录中也提及："造果之善不善，专在熟手工拙云者。"通过这些内容，我们可以确认油蜜果是宫廷祭祀中不可或缺的贡品之一，同时也是相当珍贵的传统糕点。而且，因为做油蜜果需要准备很多奢侈的食材，所以宫廷里也只有在特殊场合才会制作。因此，朝廷严格限制一般百姓使用油蜜果，在《朝鲜王朝实录》中可以看出，从太祖、世宗、世祖、成宗、燕山君、中宗、明宗、肃宗到英祖时期禁止使用油蜜果的记录反复出现。在高宗时期，由兴宣大院君颁布的朝

鲜最高法典《大典会通》中甚至还记载着："献寿（在花甲寿宴上摆设酒席以祝寿）、婚姻、祭享外用油蜜果者，并杖六十。"若是当时的人们都会遵守法律的话，这种记录就不会反复出现了。虽然法律已经明文规定，但人们还是持续制作油蜜果，用以炫耀财富并且视之为享受，因此，国家为此伤透了脑筋。特别是在招婿的婚礼后第三天，很多人都只用油蜜果来摆设宴席，所以，《朝鲜王朝实录》中就记载了严格禁止这一事情的内容。

> ……臣下公私筵宴禁用油蜜果，载在六典。先馈婿之从者，第三日，盛设油蜜果几至方丈，以燕婿妇，将其馂余，送于舅姑之家。又迎婿翼日贺客，填咽燕乐，一皆禁止……
> ——《世宗实录》，第43卷，世宗十一年（1429年），二月五日第7篇记录

中宗时期的记录中还出现了为父母亲服丧时，在让人们为其守夜的"灵撤夜"上使用油蜜果来摆设宴席所造成的问题。

> ……其父母丧葬，倾家财，多造油蜜果，高排铜盆，会客张乐娱尸，名之曰："灵撤夜。"贫者拘于此风，过期未葬，此非美俗。请下谕观察使，痛革为当。
> ——《中宗实录》，第8卷，中宗四年（1509年），六月四日第1篇记录

　　另外，据说本来油蜜果是准备做成果实或鸟的形状的。《星湖僿说》有这样的记载："初以蜜面造为果品之形，圆不能累高，故方切为之。"为了方便放置在桌上，所以才将其转变成扁平的样子。人们在祭祀时通常会精心准备油蜜果，但是却也发生了有人未能好好地制作油蜜果，因而让相关人士受到严惩的事情。文献中也有这样趣味十足的记录。

> 　　教曰："祭享所重何如，而元陵、绥陵、景陵，馂余药果（祭祀之后被退回的药果），全不成样，岂有如此道理？当该典祀官，拿问（逮捕犯人后审问）严勘（勘罪，审理犯人后将其定罪），奉常寺员役（在官吏之下工作的人）及'熟手'等，令攸司，照法严绳。"
> 　　——《宪宗实录》，第13卷，宪宗十二年（1846年），十一月七日第1篇记录

宪宗为了爱情而打造的空间——锡福轩与乐善斋

　　朝鲜第24代君王宪宗是个不幸的君主。他的父亲孝明世子虽然具备了击倒势道政治，让王权再度起死回生的领导力和头脑，可是却在22岁的年纪英年早逝，因此宪宗即位时年仅8岁。不过由于他受制于安东金氏和丰壤赵氏，在抑郁不得志的状态下，最终23岁时便也与世长辞。虽然宪宗的生命相当短暂，但是他生前对祖先怀有至诚

之心，据说供奉在陵墓的油蜜果若是制作出来的形状不够完整美观的话，只要一呈放在祭祀的器具上，他就会立刻火冒三丈。

另外由于宪宗继位时年纪尚幼，因此他的奶奶纯元王后身为宫廷中辈分最高的长辈，便在宪宗长大成人之前，以垂帘听政的方式辅佐他处理政事。宪宗的长相极似他的父亲孝明世子，两人都长得相貌堂堂且风流好色。据说他在宫殿外建造了一座"旗亭"，若要前往会先换上便装，然后在那里与心仪的女子相见。他之所以会在外面游荡，是因为他的第一位妻子孝显王后在 15 岁正式行嘉礼两年后就因病辞世了。为了安慰空虚的心灵，也为了准备迎接继妃，他在全国下达了禁婚令。皇室在挑选王妃时会经过三次审查，又称为"三拣择"，通常是由宫中长辈来主持，也就是说身为当事人的宪宗无法事先看到最终入围的三位闺秀。可是宪宗却无视惯例，亲自参与了三拣择。虽然宪宗很喜欢金在清那温顺文静的女儿，但是纯元王后在不知道宪宗心意的情况下，决定让洪在龙的女儿成为他的继妃。心急如焚的宪宗以继妃孝定王后不能生育为由，将金在清的女儿选为后宫嫔妃，并且将她册封为内命妇正一品的嫔妃。她就是宪宗深爱过的女人庆嫔金氏。

宪宗被裹挟在安东金氏和外戚丰壤赵氏之间，一八四七年为了谋求政治改革与强化王权，他特地在昌德宫后院设立了研究政策的书斋。而这座书斋正是乐善斋，宪宗经常花时间待在乐善斋里，沉浸在读书和思考之中。另外，为了摆脱孝定王后的监视，他还在乐善斋的旁边为庆嫔金氏建造了一座锡福轩，以及一座让奶奶纯元王后居住的寿康斋。这三座建筑物之间以回廊连接，所以可以自由地穿梭其中。

也许庆嫔金氏会把油蜜果当作午膳点心送去给乐善斋的宪宗，或者想念庆嫔金氏的宪宗会穿越回廊过来找她，于是庆嫔金氏会准备一桌茶点，与宪宗一起品尝油蜜果也不一定。不过让人感到惋惜的是，宪宗在为庆嫔金氏修建这座锡福轩作为她的居所后不到 1 年的时间，就因病辞世了。失去丈夫的庆嫔金氏在仁寺洞的宅院里，一边缅怀宪宗，一边独自度过漫长的守寡岁月。

昌德宫乐善斋：宪宗十三年（1847 年）建造的建筑物，位于昌德宫和昌庆宫的交界之处。乐善斋主要作为朝鲜君王的寝殿而存在，1884 年甲申政变后，曾经也被高宗当作处理公务的场所。朝鲜最后的王世子英亲王李垠曾经在这里生活，这里也是李方子[1]女士居住过的地方。
资料来源：韩国文化财厅

---

[1]　日本皇族，北朝第 3 代天皇崇光天皇第 17 世孙女，后嫁朝鲜王朝皇太子李垠。

菜单 4-3　班家牛骨汤、市场汤饭

悠闲的贵族与忙于营生的百姓们共同享有的汤饭

老板娘，请快点给我来碗汤饭吧。

看来您已经饥肠辘辘了，
来，快点趁热吃吧。

吃一口就知道，
老板娘的手艺果然不同凡响。

哪儿的话，怎么比得上您家里的牛骨汤。
听说两班家的牛骨汤啊，
里头还放了很多肉呢！

呵呵，
所谓饮食呀，也是要讲求缘分的，
合自己的胃口是最重要的。
家里的牛骨汤虽然也很好，
但是说到牛骨汤，
酒馆里的才称得上是一绝，不是吗？
这次我们就来聊聊
关于牛骨汤和汤饭的故事吧。

在两班贵族家中细火慢炖的班家牛骨汤

您有没有听过一个词叫作"班态尽显"[1]呢？虽然在字典中并没有这样的词，不过"班态尽显"并没有负面的意思，而是指彬彬有礼、样貌端正，看起来像个两班家的贵族子弟之意。同样的，所谓的"班家"指的是两班贵族，班家牛骨汤指的就是两班贵族家中熬煮得相当入味的精炖牛骨汤，首尔北村两班贵族曾经吃过的精炖牛骨汤更是盛名远播。班家牛骨汤曾经是贫困庶民们日思夜想也求之不得的食物。精炖牛骨汤中的"精炖"二字，意思是经长时间的精心熬煮。不过这又跟使用大骨长时间熬煮而成的雪浓汤不太一样。精炖牛骨汤的做法是将牛胸肉、牛后肘肉、牛膝骨、牛大肠头（牛肠和肛门之间带有油脂的部位）、牛小肠以及牛肥肠等部位，与未切开的整块白萝卜一起炖煮到烂熟的程度，再放入葱、蒜、酱油以及胡椒粉等煮至沸腾。然后在上桌的时候，才把牛骨汤中的食材切成薄片铺在上面。关于精炖牛骨汤的由来有两种说法：一是蒙古地区把肉放入清水中熬煮，称之为"空汤"；二是因为是用小火将肉慢慢地炖至软烂后所做成的汤品，故称为精炖牛骨汤。

精炖牛骨汤是宫里常备的一道菜肴，会和红豆饭一起呈到御膳桌上。在朝鲜时代，牛肉并不是一种常见的食材，因此在煮汤的时候通常都是使用雉鸡肉，若是高朋满座、供不应求的时候，还会改用鸡肉来替代。一六七零年贞敬夫人安东张氏所写的《闺壶是议方》中也提到了"放入汤中的食材"，她说当客人很多的时候，通常会煮几只母

---

[1]　意译，반테난다。

鸡，然后把高汤和鸡肉分别拿来做各种食物。不过，虽然《闺壶是议方》中详细介绍了煮牛肉或黄狗肉等的方法，可是却没有关于熬制精炖牛骨汤的介绍。书中各种鱼肉烹饪方法琳琅满目，但是却找不到精炖牛骨汤的食谱。据此推测，精炖牛骨汤应该是首尔北村两班贵族特有的传统饮食。不过在有权有势的家族里，都会有众多长久居住在主人家的奴婢与长工。虽然两班贵族家在煮牛骨汤的时候，女主人偶尔还会洗手做羹汤，以家族传承下来的方式来熬煮，但是像起灶点火，或是随时盯着牛骨汤的熬煮状况等这类杂事，应该还是由家中的奴婢来做。因此，精炖牛骨汤的做法也有可能就此流入民间。

为忙碌的百姓准备的快餐——市场汤饭

接着让我们来了解一下继牛骨汤之后最具代表性的汤饭。汤饭并不仅仅是老百姓吃的食物，在《承政院日记》中有一段记载，提到英祖因为不喜欢吃白饭，所以将白饭泡在白开水里吃。另外，在记录用膳等过程的宫中仪轨里也有相关记载，在举行大型宴会或活动时，乐工、宫女、唱歌的女伶以及士兵也都曾经吃过汤饭。汉城有一条卖汤饭的街道，叫作"汤饭街"（汤饭家），店家会在圆纸桶上贴上白色的穗子，然后挂在竿子的末端。汤饭街上武桥汤饭家的名声最响亮，不过手巧汤饭家[1]和白木汤饭家也是赫赫有名的。其中，武桥汤饭家或手巧汤饭家经常有官员出入，而白木汤饭家则是富裕的商人或无所事事的游手好闲之人饱餐一顿的地方。另外，据

---

[1] 音译，수교 탕반집／백목 탕반집。

说宪宗也曾经微服出访，私下到汤饭街来品尝这里的汤饭。不管是汤饭街的汤饭，两班贵族家里的精炖牛骨汤，还是宫殿里熬制的牛骨汤等，全都是会让大家乖乖坐在桌前，吃到碗底朝天的美食佳肴。

但是在市集上煮的市场汤饭可就不同了。如果说两班贵族家的精炖牛骨汤是用细火慢熬，让人入席就座后仔细品尝的食物，那么，市场汤饭就是由手艺精湛的老板娘在酒馆或市集上用一口大铁锅豪迈地烹煮，为路过的行人或是背着包袱四处赶路的货郎准备的街头小吃。不过严格来说，与其说是因为身份不同而有所差别，不如说市场汤饭是专门为工作繁忙的人而准备的食物。

接下来，让我们一起来看 18 世纪天才画家"檀园"金弘道绘制的《金弘道笔风俗图画帖》中的这一幅《酒幕》。戴着竹编斗笠的旅人似乎非常饥饿的样子，吃到快见底了还用汤匙把锅底清得一干二净。这种把竹子劈开裁成细条状，用竹条编成缝隙稀疏的斗笠，与用马鬃精心制作的黑笠不同，一般只有庶民或货郎才会戴这样的竹编斗笠。根据实学家李肯翊撰写的《燃藜室记述》中的内容，在万历朝鲜战争时，倭兵们认为头戴黑笠的人即贵族，因此见到戴黑笠的人立即逮捕，而戴竹笠的人则被视为赤贫阶级，所以并不予以理会，因此当时的贵族们也会改戴竹笠在外行走，一时蔚为风潮。由于当时的货郎们还会在竹笠上加上棉花作为装饰，而画中旅人的竹笠上却没有棉花，据此推测画中人物应该只是一般庶民。在他倾斜的碗旁边只有一盘简单的小菜，所以他手中这碗食物应该就是汤饭。这个酒棚里连一个座位都没有，旅人把当作餐桌的小桌子直接放在地上，坐在临时用石头堆成的椅子上，就这样吃起饭来。这位旅人的身后是另一位刚吃完饭的客人，一副正在掏腰包准备付酒钱的模样，身上衣衫不整，肚子都已经凸出来了。

《金弘道笔风俗图画帖·酒幕》：这幅画描绘了行人在简陋的酒棚中充饥解饿的情景。
资料来源：韩国国立中央博物馆

　　与此形成鲜明对比的是《申润福笔风俗图画帖》里的《酒肆举杯》，从这幅画中可以看到衣冠楚楚的两班贵族们三三两两聚在一起喝酒的样子。这里提到的"酒肆"指的正是酒家。这些人并不是为了解决生存问题而来吃汤饭的，而是把这里当成现代社会的无座位小

酒馆，他们来此地只是想要一边简单地喝点小酒，一边跟人把酒言
欢。于是以"站着喝的酒馆"为概念的"立饮酒吧"应运而生。请看
一下这幅画里站在最右边的人，他的模样十分有意思。他是一般人称
为"逻卒"的罗将，负责押送罪人或是用棍棒对犯人行刑的工作。罗
将身上穿着名为"号衣"或是"鹊衣"的制服，头上戴着圆锥形的帽
子。或许是工作压力大的缘故，所以他才会想要喝点小酒，没想到一
走进酒馆，却看到里面早已经被两班贵族们坐满了，于是他露出了不
满的神色。就像从罗将的眼神中可以看出他的情绪一样，从金弘道的
画中也可以看出，酒棚里的人们一脸行色匆匆，好像急着吃饱要赶着
上路似的。相反地，申润福画的酒肆里的人却是个个面色从容，充满
了怡然自得的氛围，没有任何一个人露出焦急的表情。所以在这样的
地方，顶多也只会卖下酒菜，不太可能有汤饭出现的机会。就此看
来，酒肆炉灶上的锅里煮的并不是汤饭，而是用于加热酒和下酒菜的
"朝鲜版微波炉"，也就是滚沸的热水。而且就放在炉灶上面的物品来
看，也找不到任何一个像是盛装汤饭的器皿。

　　市集的酒棚不同于乡村的酒棚和城市里的酒馆，更增添了一种急
迫和忙碌的感觉。市集的酒棚里顾客络绎不绝，看起来总是一副应接
不暇的样子。一走进酒棚里，人们就开始喧哗，喊老板娘要她快点把
煮好的汤饭端上来。为了满足这些必须在短时间内解决一餐的人们，
市集的酒棚里当然不可能像两班家做精炖牛骨汤一样，还有时间在小
桌子上整齐地摆上小菜和白米饭。因此只能先把用野菜和酱油做成的
酱牛肉（酱散炙）放入大的汤碗中，然后再加入调味料直接烹煮。与
此相关的内容可以在《是议全书》中看到，书中对汤饭的煮法说明如

《申润福笔风俗图画帖·酒肆举杯》：这是朝鲜后期画家"蕙园"申润福所绘制的风俗画册中，以酒家为背景的一幅画作。老板娘站在炉灶前方，正在把加热的酒舀给客人，而炉灶的上面则放着数个盛装着下酒菜的器皿。客人当中有穿着长袍的书生、头戴黄色草笠的武艺厅别监，还有戴着尖顶帽的罗将[1]。

资料来源：韩国文化财厅

下："把优质的白米洗净，炊煮成熟饭之后，把煮好的酱汤倒入，备好野菜，将浸泡在汤里的白饭煮至稀烂，将野菜摆放在上面作为点缀，最后再洒上胡椒粉和辣椒粉。"为了让奔波忙碌的人们能够快速地饱餐一顿，市场汤饭的烹调方式也十分简便，因此也可以说这是一种"朝鲜版的快餐"。

---

[1]　朝鲜时期郡衙的使令之一。

一路伴随百姓们生活至今的汤饭店

代表性的市场汤饭有咸安五日市集伽倻市场里煮的咸安汤饭、永川的市场汤饭以及安城汤饭等。不过这些汤饭店都有一个共同点。市场汤饭不同于《是议全书》所描述的样子，并非在酱汤里摆上野菜和酱牛肉做装饰，而是在用牛腿骨和其余杂骨熬制出来的浓郁高汤之中，放入白饭、野菜和肉类一起煮好之后再端上桌。之所以能用牛骨熬制高汤，可以从这 3 个市场的地理条件看出端倪。伽倻市场的汤饭很早之前就以汤头浓郁鲜美而声名远播，不过这是有原因的。在距离伽倻市场 500 米左右的地方就是都项洞牛市场的屠宰场，所以店家可以从这里得到最新鲜的牛肉副产品。咸安酒馆的老板娘们能把从这里取得的牛肉、牛血及各种内脏部位等，与黄豆芽、白萝卜一起熬煮成一碗用料丰盛的汤饭，难怪人人都说这里的汤饭口味是一流的。再加上咸安不仅与晋州、宜宁、昌宁、马山相邻，而且不管是从大邱和浦项出发往南海岸方向移动，还是从河东与泗川出发前往首尔，都会经过咸安，所以这里也是一块南来北往的交通要地。因此，这里的老板娘们为了招呼那些从一大清早就开始赶路的人，通常天还没亮就已经开始忙着熬煮市场汤饭了。

关于永川有这样一句俗语："好马送往永川市场，劣马也送到永川市场。"在庆州皇南大冢被挖掘出来之前，从大韩帝国末期的资料中可以看到一张旅人骑着短腿马经过皇南大冢的照片。在朝鲜时代，短腿马是该地区最重要的交通工具，从永川到大邱、庆州、庆山、浦项、军威、义城以及迎日的距离都是 40 千米左右，骑着短腿马前往大约要走上 1 天。为了不让刚从东海岸新鲜捕捞的青花鱼受到损坏，在经过永川的时候会先在鱼身上洒上盐巴加以腌制。不过若想要完成这项艰巨的任务，首先必须得在某处卸下行李，填饱空虚的肚子。此时正好就是顺道前往永川市场酒馆的最佳时机，到了那里就可以吃到香味四溢的可口汤饭。和咸安市场一样，永川的牛市场也在距离永川市场不远的地方，所以，这里也很容易取得让汤头变得更浓郁的新鲜牛肉副产品。

最近某家食品公司正在贩卖的泡面，它的名字或许大家都有听过。那就是安城汤面。名声大到足以拿来作为泡面的名字，可见朝鲜时代五大市集之一的安城很有威望，而安城市场的汤饭也别有一番风味。安城市场汤饭一般被当地的人称为"安城汤"，它的美味秘诀也是因为安城牛市场就在附近。酒馆的老板娘们在这里取得了丰富的牛肉副产品，回去之后用店里的大铁锅花时间慢慢熬煮，美味的市场汤饭就这样做出来了。安城汤饭之所以好吃，是因为在不熄火的状态之下连续熬煮十几个小时，所以才能够将牛骨的味道完全呈现出来，煮出白色浓郁的汤头。把用高汤煮熟的牛胸肉撕成碎块，放入干萝卜叶和蕨菜等各种野菜一起熬煮，最后用酱料做调味即可完成。

目前全国最有名气的牛骨汤店是罗州牛骨汤。罗州牛骨汤并非来自班家精炖牛骨汤，而是从罗州牛市场取得牛肉副产品，然后花四五个小时熬制成的汤饭。由于贩卖的主要对象是在全罗南道罗州邑城举行的五日市集做生意的商人们，因此该汤店才会在人们的口耳相传之下打出口碑。罗州牛骨汤的特色在于熬制高汤时，牛腿骨的分量比较少，取而代之的是放入大量的牛胸肉、牛腱以及排骨等优质牛肉，因此味道大不相同。除此之外，还加入大量的白萝卜、葱和大蒜，借此除去牛肉的腥味，经过多次冲泡，最后再放入蛋丝和大葱即可端上桌。"冲泡"这个动作是指将汤饭盛装在碗里时，在已经盛好食材的碗里倒入热腾腾的高汤，然后倒出部分汤汁，再倒入一点新的高汤，此动作反复数次。这样一来不仅可以加热食材，也可以让高汤的味道渗入其中。关于罗州牛骨汤的历史，有人说它是某户人家历经4代流传下来的饮食，不过从以前的新闻资料来看，一直到20世纪80年代后期才出现了有关罗州牛骨汤的报道。

朝鲜第一位，也是唯一的一位安城男寺党女性团长——巴吾德儿

安城除了汤饭之外，还以一个词"恰到好处"（"安城合适"）而闻名。因为首尔最具代表性的餐具商家们都使用安城生产的黄铜器，只要有适当的安城黄铜器，就能做出好的器皿，所以才会产生这么一个词。不过，朝鲜时代后期著名的"男寺党"也发迹于安城，其名声不亚于安城的汤饭和黄铜。巴吾德儿正是带领男寺党的团长。这里的男寺党是指由男性贱民组成的流浪艺人团体，他们往来于全国各地的市场与村庄，表演农乐、转盘子、翻筋斗、走绳索、假面舞以及木偶戏等各种才艺。特别的是领导男寺党的团长巴吾德儿是名女性，她在15岁时就被推选为男寺党史上的首位女团长。她的本名是金岩德（1848—1870年）。在朝鲜肃宗时期，金岩德出生于安城市瑞云面青龙里，从5岁起就开始在男寺党学习表演技艺。她不仅拥有美丽的外貌，而且才华出众，因此获得了兴宣大院君赏赐的玉贯子，这是只有

正三品以上的官员才能佩戴的饰物。她特别擅长小鼓和立唱 [1]，每次表演都让观众叹为观止。在巴吾德儿执掌男寺党之后，安城男寺党总共进行过 6 种场院表演 [2]。他们的主要技能是风物游戏、被称为转碟的转盘子、小丑与杂耍者说对口相声、相互施展地上技巧的场技、假面舞、空中走绳以及木偶戏。现在，安城每年都会举行纪念巴吾德儿的庆典"安城男寺党巴吾德儿节"，地点在她的祠堂所在地，也就是安城市青龙里的佛堂谷。

朴佥知木偶戏：男寺党的表演之一，是抓着木偶的脖颈后端表演的木偶戏。根据戏中出场的重要人物不同，分为木偶戏、朴佥知木偶戏和洪同知木偶戏，是韩国唯一传承至今的传统木偶戏表演。
资料来源：韩国文化财厅

---

[1] 一种民谣演唱形式。

[2] 韩国传统表演的一种，包括歌剧和杂技。

菜单 4-4　牛肠、血肠

从两班贵族吃的高级饮食，走向庶民日常菜肴的过程

老板娘，我远道而来，
不但口干舌燥，而且肚子也快饿扁了。
若是可以在您这里吃到这许久未吃的烤牛肠，
再配上米酒一起享用的话，
那么我今天就可以酒足饭饱、尽兴而归了。

您就别再做梦了。
烤牛肠哪有这么容易就能吃到！
正好今天有鱿鱼血肠，您要不要来一份？

这样啊，鱿鱼血肠也好，
我想尝尝看，请给我多盛点。

还真是贪心哪。
您以为鱿鱼血肠很容易买到吗？
还好今天遇上赶集的日子，孩子们说要孝敬我，
不久前才刚买回来的呢。

真是孝顺的孩子。
孩子买给您吃的血肠，
您却大方地分给我这个
路过此地的游子，
我觉得您的心就像佛祖一样慈悲呢。
那么我就给您说说
牛肠和血肠的故事吧。

不受两班贵族欢迎的庶民进补食品——牛肠

牛肠指的是"牛的小肠"，形状是弯弯曲曲的。牛肠（곱장）的"곱"是指"动物的脂肪"，因为油脂丰富，所以味道特别好，另外价格也很低廉，因此是一种深受平民百姓欢迎的滋补食品。从前若是有人罹患重病，在他恢复期间，家人会到牛市场或是市集购买牛肠，作为恢复期的养生膳食。不过宫廷或两班贵族家是不太吃这种食物的。无论从《朝鲜王朝实录》《承政院日记》还是《日省录》等文献里，都找不到任何关于牛肠的记录。因为牛肠蜿蜒曲折的样子很丑陋，他们认为只有吃不起牛肉的人才会用牛肠来取代。在他们的认知当中，像烤牛肠或是在牛肠中加入辣椒粉煮成的牛肠火锅等这类食物，都只是"贱民食物"而已。不过，《东医宝鉴》中的内容与这种偏见不同，书上说牛肠"有补充人体精力、养脾健胃的功效"。

其实牛肠有其独特的气味，拿来做饮食时并不容易处理。为了去除牛肠的味道，必须先将牛肠充分地浸泡在水里，待去除血水之后，再放入面粉和盐一起揉搓，将小肠里的附属物质由内而外地去除干净。做烤牛肠的时候，只要将牛肠放在铁网上烤熟即可。但是若要做牛肠火锅的话，就必须先与白萝卜和生姜一起放入水中煮熟，捞起后才可以食用。这个时候若是煮的时间过长，会让牛肠变得过于坚韧，所以把牛肠放入滚水后，一看到牛肠开始卷曲就必须迅速捞起，然后再放入各种调味料即可完成。

其实血肠曾经是两班贵族家的高级食物

另外，血肠则是一种使用动物血液和内脏而制成的食物。6 世纪中叶的南北朝时期，由北魏的高阳太守贾思勰编纂的，也是中国历史上最悠久的农业技术相关书《齐民要术》里面的"羊盘肠捣"介绍了羊肠的做法："取羊盘肠，净洗治。细锉羊肉，令如笼肉，细切葱白、盐、豉汁、姜、椒末调和，令咸淡适口，以灌肠。两条夹而炙之。割食甚香美。"由此可以推测出，自古以来就与中国频繁交流的韩国，应该也是从很久以前就已经知道了制作血肠的方法，据此也可以得知，游牧民族在远古时代就已经有了如此先进的动物内脏烹饪方法。不过两者在制作方法上还是有差异存在，韩国血肠的烹调方法是用煮的，而中国北方民族制作的血肠则是用烤的。

关于朝鲜时代制作血肠的方法，最先出现的文献是烹饪书《闺壶是议方》。不过当时并不是用猪肠，而是使用狗肠来制作血肠，用这种方式做出来的血肠称为"犬肠"。瑞靖大学教授吴顺德（오순덕）在二零一二年《韩国食生活文化学会志》27 号上发表了《朝鲜时代血肠的种类及烹饪方法之文献考察》一文，通过该论文可以了解朝鲜时代文献之中曾经出现过的血肠种类。依据吴教授的论文内容，朝鲜时代血肠的种类依据时期来区分，朝鲜中期有 3 种，后期有 12 种，总共 15 种。不过一八三零年崔汉绮所著的农业书《农政会要》中也有相关记载，这本书介绍了使用牛肉做成的"牛肠蒸方"，但是此书并没有包含在吴教授的调查范围之中。另外，吴教授在论文中介绍最早收录血肠制作方法的为《增补山林经济》，其实与其相较，应该是《山林经济》更早收录了相关的文献。除了这两本书介绍的牛肠蒸方之外，根据吴教授的调查，制作血肠的不同烹调方法中所使用的肉也有所不同，使用狗肉的有 1 项、牛肉 7 项、猪肉 2 项、羊肉 3 项以

及鱼肉 2 项。特别是《酒方文》中的"烹牛肉法"更被视为血肠的鼻祖。书中提到，先将上等的牛肉放入酱油、虾酱和胡椒调味并煮熟，然后再和牛血、面粉以及川椒等调味料拌匀，灌入牛的大肠中并将其煮熟之后食用。朝鲜时代的文献介绍制作血肠的方法之中，在洪万选著作的《山林经济》，以及一七六六年医官柳重临增补其内容而编写的《增补山林经济》中皆有提到的"牛肠蒸方"，与现代血肠制作方法最为相似。书中介绍的方法如下："将牛肠里外清洗干净，切成各 33 厘米的长度，另外将牛的瘦肉用刀刃仔细切碎，然后用各种酱料、油、酱汁等均匀搅拌，扎实地灌进切好的牛肠里，再用细绳扎紧两端。在锅里先倒入水，然后把竹子横挂在锅上，将牛肠固定在竹子上，以免牛肠被水浸湿，最后再盖上锅盖。用不强不弱的中火慢慢烹煮，待牛肠熟透了再拿出来放凉，用刀子切成马蹄形的模样，蘸着醋酱一起食用。"

那么最早出现"血肠"这个名称的又是哪一本书呢？答案正是 19 世纪末作者不详的烹饪书《是议全书》，同时此书也是史上首次介绍两班贵族家烹饪方法的书。介绍内容如下："将（猪的）肠子翻开洗净，先把绿豆芽、芹菜和白萝卜用滚水余烫一下，然后再与泡菜一起捣碎，放入豆腐之后，把大量的大葱、生姜、大蒜切成碎末后一起放入。接着再加入芝麻盐、食用油、辣椒粉以及胡椒粉等各种调味料，与猪血一起拌匀，接着将拌好的馅料灌进肠子里，将肠子两端绑紧之后放进锅内蒸熟。"血肠不仅需要使用动物的肠子来制作，同时也要使用猪血，因此通常被认为是不适宜出现在两班贵族家里的食材。但是，撰写《闺壶是议方》的贞敬夫人安东张氏提到她们会使用狗的肠子来烹调，而《是议全书》里也提到会使用猪的肠子来制作血肠。从上述内容可以看出，认为血肠主要是老百姓们吃的食物这样的观念和评价其实是错误的。换句话说，无论是犬肠、牛肠蒸方，《闺合丛书》中所说的牛肠子蒸，还是《是议全书》里的猪血肠等，都是只有两班贵族家才会制作来吃的高级饮食呢。

另外在某些地区，虽然想要做血肠来吃，但是苦于很难买到牛肠或猪肠，于是这些地区只好改用其他食材，制作出明太鱼血肠和鱿鱼血肠。明太鱼血肠是将明太鱼腌制一晚之后，从鱼鳃中将内脏取出，然后在各种蔬菜中加入调味料，捣碎做成馅料，将其放入明太鱼的肚子里即可。冬季的时候可以改成别的馅料，最后将鱼身上的开口部分缝起来，先放在外面冷冻，吃的时候取适量蒸熟，蘸着醋酱一起吃就可以了。鱿鱼血肠也是用类似的方法制成的，在鱿鱼的躯干里放入调味过的蔬菜馅料，然后用线把开口的地方缝起来，蒸熟后即可食用。

人们普遍认为血肠不是两班贵族家的饮食，而是平民百姓吃的食物，这种观念是在 20 世纪 70 年代之后才形成的。因为当时养猪业受到政府的鼓励，所以中间包着粉丝的血肠也开始大量出现，成为一种大众化的食品。做血肠的人经常穿着长靴，在猪血淋漓的地板上制作，这样的制作过程不免让人们对其卫生安全感到疑虑，所以人们开始认为血肠是一种不卫生的食物。另外，两班贵族家一般是用牛肉来熬汤，但以市场为中心的店家则用猪肠来制作血肠，然后以虾酱做调味，创造出了大受欢迎的血肠汤饭，此后血肠就更加被认为是属于庶民们的食物了。

附带一提，闻名全国的并川血肠已经有数十年的历史了。柳宽顺烈士在"三一运动"时曾经高喊"万岁"的并川市集附近，在 50 多年前就出现了猪肉加工厂，主要是处理肉类的副产品。在食材便于取得的过程中，血肠也就应运而生了。白岩血肠的历史大概也有 50 年了。白岩附近的京畿道竹城（现在的安城郡竹山面）曾经制作过传统血肠。据说血肠汤饭就是从咸镜道出生的李亿兆在白岩五日市集经营"丰盛屋"时，拿这种传统血肠来做血肠和汤饭的生意开始的。

和金正浩一起刻世界地图木刻本的"惠冈"崔汉绮

《农政会要》，一八三零年出版，作者崔汉绮（1803—1877 年）因著作无数而闻名于世。"茶山"丁若镛在《自撰墓志铭》中表明自己的著作有 499 本，不过被称为"最后的实学家"和"实学继承者"的"惠冈"崔汉绮的作品竟然高达 1000 本。虽然他在进士及第之后并没有出仕为官，但是由于自身家境富裕，因此他有能力购买大量的书。广泛的阅读经历扩展了他的知识和学问。对他而言，幸福就是从新的书中获得未知的知识，以及通过书籍认识新的朋友。他是气学研究的大学者。韩国气学是在东方气学的基础上，结合了西方的近代科学，特别是西方的物理学，以理论的方式转变成的一门系统化的学问。"惠冈"崔汉绮特别强调人与宇宙的天人合一，因此他也积极吸收航海学以及数学等西方科学知识。

他最信任的知己正是"古山子"金正浩。莫逆之交的两人终于在一八三四年完成了两人一生之中的一大力作。这个作品就是刻在枣树木板上的《地球前后图》。《地球前后图》是参考中国一八零零年左右绘制的两个半球版世界地图而制作的，不仅手法精巧，而且还是韩国最古老的世界地图木刻本。除此之外，崔汉绮的学术成果也相当丰硕，他不但熟知光的折射现象，也熟知鱼眼透过光线的折射可以看到岸上人体的形态等知识。他还说明了之所以会有涨潮和退潮，是因为被大气环绕的地球与月球之间的运动。实际上他在一八三六年出版的《气测体仪》中，已经提出了地球是圆形并且会自转的理论。在一八五七年撰写的《地球典要》中他介绍了哥白尼的"日心说"，还有他所主张的地球自转和公转理论，并且也介绍了世界上许多国家的地理、历史、物产以及学问派别等。在一八六六年著作的《身机践验》里，他说人体就像是一台以神气来运作的机器，并且介绍了西方医学。

地球仪：后人认为这个地球仪是崔汉绮的作品，它以青铜制成，直径为24厘米。地球仪以每隔10度的间隔绘制着经线和纬线，标有北回归线、南回归线和黄道的记号，黄道上刻有二十四节气。
资料来源：韩国文化财厅

菜单 4-5　绿豆煎饼

在无心插柳之下成了贫民们的食物

老板娘，您在做绿豆煎饼吧。
我的鼻子跟狗鼻子一样灵敏，
老远就闻到味道，急急忙忙地赶过来了呢。

确实是狗鼻子呀。
不过其他客人正在排队等着，
您得先等一会儿才会轮到。

我已经在路上奔波一整天了，
实在是饥饿难耐，
能不能请您先给我一份呢？

不管您什么时候来，
总是会想尽办法耍赖，
真是拿您没办法。
既然您都已经饿成这样，
那我也只好让别的客人多等一会儿了。

呵呵，
所以我才会这么喜欢老板娘啊。
不过作为回报，
我会把绿豆煎饼的由来，
好好地说给您听的。

绿豆煎饼是穷人的糕点吗？

关于绿豆煎饼名字的由来有很多种说法。笔者之所以将绿豆煎饼放入与身份相关的章节中，是因为考虑到大多数人都认为它是"为穷人准备的糕点"。据说在朝鲜时代，每到荒歉之年，权贵家族就会把种子送到南大门外贫民们聚集的地方，还会把救济用的年糕扔给他们。与此相关的记录可以在《朝鲜日报》连载的"李奎泰专栏"中看到，其中一篇介绍了日本帝国主义强占时期，亲日的通度寺首任住持金九河僧人（1872—1965 年）在以乞僧身份四处流浪时所发生的逸事。据说当时他正好抵达汉城，不过因为汉城排斥佛教，所以禁止僧侣出入城内，他在不得已的情况下只好待在南大门外。那一年时逢荒年，因此同时也有数百名从乡村来的流离失所的流浪者露宿在那里。此时仆役们推着装满绿豆煎饼的牛车前来，他们一边摇着铃铛，一边大叫着"这是北村骊兴闵氏的善举""这是广通坊中人川宁玄氏的施舍"，然后把食物分送给贫民。如果考虑到金九河僧人是在一八八四年 13 岁时正式成为僧侣的话，那么可以推测这个故事应该发生在 19 世纪 80 年代初期。当时故事中扔给贫民的绿豆煎饼想必应该没有放入肉类等食材，而是只将绿豆粉加以稀释，顶多再加入葱或芹菜之类配料煎制而成的。

绿豆煎饼是穷人食物的观念，在韩国解放之后变得根深蒂固。在日本帝国主义强占时期结束之后，结束征召的人，以及在祖国受到迫害难以生活而前往中国东北、间岛或海州的人，这些人回到汉城之后必须想办法谋生就业。而当时最容易赚钱的街头小吃生意就是不需要太多资金的绿豆煎饼了，因为当时的绿豆价格十分便宜。另外在"6·25"战争爆发时，逃到釜山避难的人们能够简单拿来做生意的食物也是绿豆煎饼，避难结束之后回到汉城，只要用少许成本就可以在街头营生的小吃当然也是绿豆煎饼。经历了这样的时代之后，绿豆煎饼是"穷人的食物"或"穷人的糕点"这样的固有观念就开始在人们的脑海里扎根。搜索一下以前的新闻报道，就可以发现韩国解放之后贩卖绿豆煎饼和马格利酒的店家大幅度增加。不仅如此，一九五二年某日的报道中还写了"6·25"战争时，英国红十字会会长为了让战争的真相广为人知而特地来到韩国，她在大厅洞市场简陋的木板屋里吃过釜山难民卖的绿豆煎饼后对其赞不绝口，还用报纸打包了一些带回去。

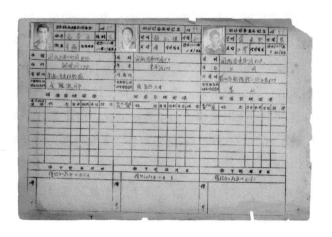

难民证：证明"6·25"战争中难民身份的文件。正面贴有三位难民的照片，并且注明了姓名、职业、出生年月日、籍贯以及住址等信息。
资料来源：韩国国立民俗博物馆

但是也有人说绿豆煎饼名称的由来正好与上述说法形成对比。其中一个说法是来自高丽时代初期的一件逸事。某户贫穷人家来了一位贵客，于是主人打算做个煎饼招待来客，因为是要招待宾客的煎饼，所以他取宾客的"宾"字和招待的"待"字，将这个煎饼命名为"宾待糕"。还有一种说法是因为外形。由于贞洞地区有很多贫困家庭聚集在此，穷人家中经常会有壁虱（빈대）出没，因此这里又叫作"壁虱沟"。据说这些人卖的煎饼长得很像扁平状的壁虱，所以才取名为"壁虱煎饼"（빈대떡）。除此之外，一八七零年韩医黄泌秀在他的著作《名物纪略》中写道："饧饼是中国的一种面粉煎饼，后来将饧饼的'饧'字误写为意指壁虱的'蝎'（全蝎的蝎）字，因此最后称其为壁虱煎饼。"因为写错了一个汉字，绿豆煎饼的由来变成了一个津津有味的故事。不过话说回来，也有人说是因为将磨好的绿豆放在铁锅上煎的时候，其压扁的样子很像壁虱，所以才取"蝎子"之意为名。

从"饼者"到"贫者糕"

研究者最关注的绿豆煎饼词源来自汉语。只要稍微对汉字有点概念的人，通常都会认为这是最接近绿豆煎饼词源的说法。提供这个线索的书是一位研究者替我们找出来的，这位先生正是韩国解放后曾经担任过首尔大学文理学院院长的学者方钟铉（1905—1952年）。他从朝鲜时代负责培养翻译官的司译院文献中，找到了肃宗三年（1677年）崔世珍发行的汉语教材的韩语解释文本《朴通事谚解》。书里提到，"饼食者"的中文发音和"饼者"十分相似，而"饼者"有用石磨将绿豆磨碎后做成煎饼的意思。这就意味着绿豆煎饼不是韩国固有

的食物，而是连同名称一起从中国直接传入韩国的食品。据说"饼者"（Bing-jyeo，빙져）一词在 17 世纪时演变为"Bing-jya"（빙쟈），然后这个词在 19 世纪末的文献中又变为"Bin-jya"（빈쟈떡）。支持这个论点的文献是《闺壶是议方》，书中记载了做绿豆煎饼的方法，把这种做法称为"饼者法"（빈쟈법）。还有一本提及"饼者"（빈쟈떡）的文献，是凭虚阁李氏撰写的《闺合丛书》，不过这本书在描述"饼者"时用的写法是"빙자떡"，以此来代表绿豆煎饼。其制作方法如下："把绿豆磨成细末状，之后立刻将大量的油倒入煎锅中，然后再用勺子舀绿豆糊倒入锅中，在上面放上用蜂蜜栗子拌匀做成的馅料，接着再用绿豆糊覆盖住，用汤匙用力地按压，做出像花煎饼的形状，再把松子镶在上面，大枣则是镶在四周的位置，将其煎熟即可。磨好的绿豆若是放置太久会腐坏，一旦腐坏即无法再使用。"这里所提到的做法，比起现在的绿豆煎饼，反而更像是在制作花煎饼。另外，由于使用了包括蜂蜜、松子以及大枣在内的珍贵食材，因此直到 19 世纪为止，绿豆煎饼和后来专为穷人准备的糕点应该还没有任何关系。

　　而到了 20 世纪初，19 世纪末的文献中曾经使用过的"饼者"（빈쟈떡）一词开始转变为"饼者糕"（빈자떡），或是变体为新的写法"빈자"。在词源的变迁中，20 世纪之后的"饼者糕"（빈자떡）的发音就好像是形容"贫穷的人"的"빈자"（贫者），于是逐渐就被认定为贫穷的人所吃的糕点"贫者糕"了。与此相关的内容在一九二四年李用基著述的《朝鲜无双新式料理制法》中也看得到，他表示因为用了代表"穷人"之意的汉字，所以绿豆煎饼被误以为是穷

人的食物。"将绿豆去除外皮，与糯米一起浸泡于水中，然后用石磨研磨后，加入鸡蛋一起搅拌均匀。和做煎饼一样，煎的时候必须用大量的油，这样煎出来的饼才会好吃，多打几颗蛋进去，就可以让煎饼变得更加酥脆爽口。……绿豆煎饼的名称虽然有'穷人吃的食物'之意，但是国家在祭祀的时候也会使用。不过若这个真的是穷人吃的东西，怎么会放这么多各式各样的食材呢？绿豆煎饼是指在绿豆里放入切好的芹菜或葱制成的煎饼。虽然也可以放入糯米或粳米一起研磨，但是这种煎饼本来就是要有点稀松酥脆的口感才算好吃，放入糯米或粳米的话，会变得像小麦煎饼一样黏糊糊的，吃起来口感反而没有那么好。鸡蛋多放一点，再加点小苏打与磨碎的绿豆一起搅拌均匀，将刚拌好的绿豆糊立刻下锅煎熟，现煎现吃的味道是最好的。"

其实从前宫廷里在举行祭祀的时候，为了让食物看起来比较丰盛，所以才特别制作了绿豆煎饼，他们会把煎饼垫在各种烧烤的肉下面再装盘呈上供桌。但是如此一来，各种烧烤食物的丰富油脂和调味料也会渗入绿豆煎饼之中，最后让绿豆煎饼本身也成了一道美味的佳肴。

绿豆煎饼在不同地区有不同的名称。全罗道称为"烙饼"（부꾸미）或"破烂饼"（허드레떡），黄海道称其为"粗煎饼"（막부치），平安道称之为"绿豆煎饼"（녹두지짐）或"煎饼"（지짐이）、"煎饼"（부침），除此之外还有"贫者法"（빈자법）、"贫者糕"（빈자병）、"绿豆煎饼"（녹두전병）以及"绿豆炙"（녹두적）等说法。现在这种加了肉类和绿豆芽的绿豆煎饼很有可能是从如今的朝鲜传过来的。平安道的绿豆煎饼里因为加了各种五彩缤纷的豆沙，所以

和首尔的绿豆煎饼相比，不仅尺寸大了 3 倍左右，而且厚度也大约增加了 2 倍。

　　笔者在写着饮食历史的同时，也思考着过去那些脍炙人口的饮食故事，这才发现很多人们所熟知的内容，其实并不是在过去历史中真实发生的，而只是将时代创造出来的传说加以包装，使其看起来像是真实故事而已。或许真相在朝鲜时代并非如此，但是经历了开化期和日本帝国主义强占时期来到现代社会，故事随着时代的变迁也就随之改变。不过在后人看来，好像自朝鲜时代起就已经有这样的故事存在似的。绿豆煎饼也是如此，与绿豆煎饼相关的内容之中也隐藏着各式各样的时代面貌，因此在写这些文章的时候真是让人感到其乐无穷。

与被称为"壁虱沟"的贞洞相互交织的王后悲剧

　　被冠上"壁虱沟"这样不光彩名字的贞洞，其地名从何而来呢？在 2003 年至 2005 年清溪川复原工程施工的过程中，人们发现支撑朝鲜时代广通桥的基石竟然是一块古色古香的朝鲜初期石雕。但是无论怎么看也看不出石雕原来应该是什么模样。仔细调查之后，才发现原来是将王陵的屏风石倒过来放置，用以支撑广通桥的重量。与此相关的文献出现在《朝鲜王朝实录》太宗十年（1410 年）的记录中，里面提到若是遇到下大雨的日子，广通桥的土木桥梁就会倒塌，所以打算将其改为石头桥梁，因此才将贞陵的石材拿来使用。这么说来，贞陵究竟是谁的陵墓，怎么会把王陵里的石雕拿来作为百姓们日日行走其上的桥梁石材呢？原来内幕是这样的。

朝鲜太祖李成桂有两位妻子：一位是婚后留在故乡咸镜道的"乡妻"神懿王后韩氏（1337—1391年），另一位是在开京再度结婚之后，得到女方很多帮助的"京妻"神德王后康氏（1356—1396年）。李成桂出身于咸镜道贫寒的家庭，所以与高丽权贵世族神德王后康氏的婚姻，对他将来出人头地有莫大的帮助。神德王后为人端庄稳重，并且善待乡妻的子女，所以在朝鲜建国之前并没有产生什么太大的矛盾。但是神懿王后韩氏在朝鲜建国前的一年即因病去世，此后自神德王后成为朝鲜第一个王妃开始，纠缠不清的冲突就此展开。神德王后生育的幼子李芳硕，以12岁的稚龄越过按长幼顺序排在他之上的7位哥哥，被李成桂册封为王世子。从此之后，李芳远开始对神德王后心生怨恨。一三九六年神德王后撒手人寰，太祖李成桂悲痛难抑，即使当时并没有在四大门内建造王陵的先例，他还是命人在此打造了一座王妃的陵墓，并且将其取名为"贞陵"。但是，李芳远在一三九八年引发了第一次王子之乱，杀死了郑道传和同父异母的弟弟们，在李成桂崩逝之后，宫廷立即陷入报仇的血战之中。首先他将神德王后从继妃的身份降级为后宫嫔妃，然后将她的牌位从宗庙赶了出去，以不能在四大门内设立王陵为借口，将神德王后的陵墓迁葬到都城外的京畿道杨州郡城北面的四限里。原来的贞陵已经被夷为平地，原先使用过的建材也全数被拆除了。后来到了太宗十年（1410年），广通桥被改建为石桥，从贞陵挖出来的屏风石就被倒过来放置其下，当作了桥梁的基石，让百姓们千踩万踏。今日之所以把德寿宫周边称为贞洞，正是因为神德王后的贞陵曾经位于此地。

首尔贞陵：这里是太祖李成桂继妃神德王后康氏的陵墓，同时也是朝鲜王朝最早建造的一座王妃陵墓。
资料来源：韩国文化财厅

第五章　用乡土史做出的饮食

将个别的历史汇集而成后造就了朝鲜
必须在当地吃，才品尝得出其美味的饮食

菜单 5-1　平壤冷面、咸兴冷面

荞麦的变身让朝鲜人民在冬季也能胃口大开

老板娘,
今天请准备一点
凉爽的食物吧。

凉爽的食物?
您是指什么样的食物呢?

就是那种
老板娘做不出来的食物。

哪里还有
我做不出来的食物呢?

当然有啰。
请问您有没有听过
冷面这种食物?

啊,您说冷面吗?
那个真的有那么凉爽吗?

虽然今天没办法吃到冷面,
不过我还是跟您说说
关于美味冷面的故事吧。

朝鲜人民^[1]每到冬季都会做来吃的冷面

一般只要提起冷面，人们通常会想到平壤冷面和咸兴冷面。离开朝鲜来到外地的人们，会把对故乡的思念寄托在平壤冷面凉爽的肉汤和咸兴冷面香辣的酱料之中。冷面是朝鲜人民的骄傲，也是汇集众人创造力的作品，更是今天韩国固有的传统饮食。金日成甚至嘱咐要将平壤玉流馆的冷面味道保存下来，可见他多么为平壤的第一美食感到骄傲。

冷面是用荞麦制作而成的，而荞麦第一次出现在文献上是在唐朝。之后，荞麦从宋朝开始广泛栽培，依据推测，应该也是从很久以前就已经传到韩国并且开始栽培了。荞麦性喜阴凉干燥的环境，在这样的土地上会生长得比较好。它是一种耐瘠性好的作物，生长期短，只需要60天到100天即可收成。因此比起南部地区，在土地贫瘠且天气较为阴凉的北部地区（也就是今日的朝鲜），或是像平昌这样的平坦高原地形更适合栽种。之所以会用荞麦做面条来吃，主要是因为祖先们以他们的智慧，从食用荞麦的经验之中发现了它的药效成分。关于荞麦的药效，《东医宝鉴》的记载中提到，荞麦有消除脾胃湿气和热气的作用，利于消除肠胃积滞，即使累积了一年的滞气，只要吃了荞麦便可使其下降。在朝鲜时代，想要在北部地区见到医员并不是一件容易的事情，所以人们才会利用荞麦的特性，开发出对身体有益的食品。虽然现在冷面卖得最好的季节是夏天，但其实冷面本来是在冬季吃的食物。在《东国岁时记》十一月份的内容里也有与冷面相关的记录。

---

[1]　指朝鲜王朝时期的人民。

"用荞麦面沈菁菹（萝卜泡菜）、菘菹（白菜泡菜）和猪肉，名曰冷面，又和杂菜，梨，栗，牛、猪切肉，油酱子面，名曰古董面，关西之面最良。"从这个记录来看，以前的冷面与我们现在喜欢吃的冷面有不同之处。虽然现在我们吃的冷面上放的都是牛肉，但是在19世纪《东国岁时记》里却出现了放猪肉的记录。由此也可得知，在朝鲜时代想要寻求牛肉这种食材并不是一件简单的事情。朝鲜人民在寒冷的冬季里，会用荞麦来制作面条并且搭配水萝卜泡菜一起吃，特别是在喝了酒之后，他们还会用荞麦冷面来取代解酒汤，作为醒酒以及缓解胃部不适之用。

制作面条在朝鲜时代是一项非常艰巨的工作

朝鲜时代的儒生们喜欢创作五言诗或七言诗，其中也有与冷面相关的诗句。"茶山"丁若镛和遂安郡守一同造访了海州，并且在当地担任考官的职务，在返京的路上，丁若镛用开玩笑的心情给瑞兴都护府使写了一首诗，这首诗完整地呈现了冬天吃冷面的冰凉寒意。

> 瑞兴都护太憨生
> 曲房销妓如笼鹦
> 金丝烟叶斑竹袋
> 倩妓烧进作风情
>
> 西关十月雪盈尺
> 复帐软氍留欸客

笠样温铫鹿脔红

拉条冷面菘菹碧

从诗句中可以得知，当时人们用獐子肉来做火锅，并且在冷面中加了水萝卜泡菜一起吃。既然提到了出现面条和獐子的诗句，那么就再为大家介绍一下在《朝鲜王朝实录》中描述崔莹与李成桂之间友情的趣味记载。祸王时期，若是人们在崔莹面前提及诬陷李成桂的话语，崔莹就会大发怒火并且加以训斥。通过以下内容可以看出两人之间有着非常深厚的友情。

> ……每将宴会宾客，莹必谓太祖曰：
>
> "我备面馔，公备肉馔。"
>
> 太祖曰："诺。"
>
> 一日，太祖为是，率麾下士猎，有一獐自高岭而走下。地势峻绝，诸军士皆不得下，迤从山底，回驰而集，忽闻大哨鸣镝声，自上而下，仰视之，乃太祖自岭上直驰下，势若迅电，去獐甚远，射之正中而毙……以其状言于莹，莹嗟赏者久之。
>
> ——《太祖实录》，第 1 卷，第 73 篇记录

从这篇记录中可以看出，由于当时是属于自给自足的时代，因此人们必须亲自去猎取饭桌上的菜肴。在崔莹现做出来的面条上，加上用太祖刚捕获的獐子做成的弹性十足的白切肉片，这是一道现代人很难吃得到的食物。故事中是由崔莹负责准备面条，不过不知道他准备

的面条是否就是冷面。在朝鲜时代，若是想做冷面的话，就必须先揉制荞麦面团，然后再将其做成面条，这种工序相当麻烦，可以说是一项艰巨的任务。为了制作出比丝线稍微厚实一点的冷面，就必须有一台"面榨机"，即压面机才行。徐有榘著作的博古通今百科全书《林园经济志》当中，提到了关于这种压面机的记载，内容如下："首先在大圆木的中间钻出一个直径13厘米到16.5厘米的圆孔，用铁丝将洞孔包覆起来，然后在底部钻出无数个小洞。再将这个压面机固定在大铁锅里，把面团放入之后压下杠杆，压制出来的面条就会接连不断地掉入煮着沸水的铁锅里了。"

　　从压面机里压取面条是一项十分辛苦的工作。开化期之后以各种风土民情为主题，留下多幅风俗画的"箕山"金俊根，他的作品中有一幅名为《压制面条的模样》。压制面条是一种多么耗费人力的重度劳动，在这幅画中可以一览无遗。画中一个男人爬上了梯子，似乎用尽了全身的力气往下压，才得以将放入机器中的面团压制成面条。面条的诞生真是不容易！后来在一九三二年，咸镜南道咸州郡的金刚铁工所主任金圭弘开发出了机器式的冷面制造机，为冷面的普及作出了莫大的贡献。

面团压面机：日本帝国主义强占时期用松树制作而成的压面机，由主体和压轴所组成，放入面团的圆筒凹槽底部安装着附有细小孔洞的铁板。
资料来源：韩国国立中央博物馆

咸兴没有咸兴冷面？起源竟是生鱼片拌面？

前面提到写了《东国岁时记》的洪锡谟也将在关西地方制作的平壤冷面列为第一美味。但是无论怎么找，也找不到与关北地区的冷面（也就是咸兴冷面）相关的记录。就像"中国并没有这样的炸酱面"一样，令人感到惊讶的是咸兴冷面也并非出自咸兴。现在就算去咸兴，也找不到卖咸兴冷面的地方。事情的真相是这样的：原先咸兴地区将用马铃薯做成的面条称为淀粉面条（冷粉），在"6·25"战争之后，因为战争流离失所的咸兴人民群居在束草，并且开始以"咸兴冷面"之名来贩卖面条。咸兴地区流浪在外的人民是给五壮洞中部市场提供水产干货的主要供货商，因此这种冷面通过这个市场传遍了全国。背井离乡的人们制作出了在咸兴时常吃的淀粉面条，也就是用马铃薯淀粉制成的面条，这种面条比用荞麦制作的平壤冷面更有嚼劲。然后，他们把在大海中经常捕捞到的鲽鱼生鱼片放入面条中一起吃，再添加带有生鱼片拌面回忆的辣椒粉作为调味料，借以去除生鱼片的腥味，如此开发出了香辣有劲的辣拌冷面。这种拌面本来只是叫作"生鱼片拌面"，但是为了要跟平壤冷面做对比，也因为这是由咸兴逃亡出来的人所开发的食物，所以人们便称其为"咸兴冷面"。他们所吃过的生鱼片拌面使用刚从海里捕捞回来的新鲜鲽鱼，将其做成生鱼片之后与酱料一起拌着吃，将辣味十足的酱料与带有些许鱼骨的生鱼片一起咀嚼品尝，味道堪称一绝。人们在韩国将淀粉面条的口味重现之后，其后逐渐改为使用济州岛等地盛产的地瓜淀粉来取代马铃薯淀粉，本来使用的鲽鱼也改为了南方产量较为丰富的斑鳐。虽然食材已经不同，但是却比在平壤吃过的冷面更加可口，咸兴冷面成了一道令咸兴人民感到自豪的饮食。

深受纯祖和高宗喜爱的冷面

朝鲜的历代君王也很喜欢吃冷面，特别是纯祖和高宗还留下了与冷面有关的逸事。高宗时期曾任领议政的李裕元所著的文集《林下笔记·春明逸史编》里，记载了纯祖与冷面相关的逸事。将其内容简略说明的话，大意是纯祖经常与军职和宣传官一起赏月，据说，某天晚上纯祖想要找他们一起吃冷面，所以叫他们两个人买冷面过来。可是其中一个人却买了猪肉过来，纯祖问他买猪肉来要做什么，对方回答说是要放在冷面里一起吃的。于是纯祖在分发冷面的时候，只把冷面分给另一人，唯独不给那位买猪肉来的人，还跟另一人说："他吃别的东西就可以了。"通过这个记录，我们可以得知不仅纯祖很喜欢吃冷面，而且当时也有人会在冷面里放上猪肉一起吃。此外也可以从对话中观察到，纯祖在评判一个臣子的人品时，是以什么样的基准来做判断的。

另外，高宗将冷面当作特别饮食来吃也是家喻户晓的事情。在高宗的第8位后宫嫔妃三祝堂金氏所讲述的故事中，曾经提及为了高宗喜爱的冷面所举行的酒会一事。高宗喜欢吃的冷面，其特点是加了很多腌制过的清爽水萝卜泡菜汤，而且冷面上还放满了肉片、水梨和松子作为装饰。在大韩帝国最后一任皇后纯贞孝皇后尹氏身边侍候的至密尚宫金命吉尚宫，她在晚年出版的《乐善斋周边》一书里，介绍了关于高宗喜欢的冷面内容。依据她的说明，高宗吃的冷面上会摆上配料作为点缀，肉片会以十字架的造型摆放在正中间，剩余的空间则是用水梨和松子来填满，其中水梨一定要用汤匙削成薄片，使其呈现出新月的形状。

宫廷里若是举行大型宴会的话，面食是绝对不会缺席的一道食物，不过大部分的面食都是温面。但是，学者们在研究了《进馔仪轨》和《进爵仪轨》等文献之后，发现在宪宗十四年（1848年）进宴的时候，以及在一八七三年因康宁殿火灾而烧毁的景福宫重建完成后举行的宴会中，都可以确认菜单中曾经出现了关于冷面的记录。根据学者的调查，宪宗十四年的冷面使用了荞麦面、牛胸肉、猪腿肉、白菜泡菜、水梨、蜂蜜以及松子，另外，一八七三年的冷面使用了荞麦面、猪腿肉、泡菜、水梨、辣椒粉以及松子等食材。由此可以看出，一般宫廷吃的冷面皆属于平壤式冷面，而一八七三年的冷面则开始加入辣椒粉，口味也转变成了香辣的滋味。除此之外，《是议全书》中介绍的冷面与高宗吃过的那种冷面极其相似，差异只在于用牛胸肉来取代猪肉而已。"加上清爽的萝卜片水泡菜或是美味的水萝卜泡菜汤，淋上些许蜂蜜，再将牛胸肉、水梨以及腌制得宜的整颗白菜泡菜3项食材全部切成丝状，摆在冷面上方作为装饰，最后洒上辣椒粉和松子增添香气。"

随着冷面开始变得大众化，摆放在冷面上的肉片也跟着换成了猪肉。一九一零年大韩帝国的主权被剥夺之后，从宫廷里搬出去的宫女和"熟手"为了维持生计，以他们在宫廷里学到的烹饪方式为基础在外面开了餐厅，其中最具代表性的餐厅就是明月馆。《妇人必知》里简单地介绍了明月馆里提供的冷面。"将面条放入水萝卜泡菜汤里，然后将白萝卜、水梨和柚子切成薄片，猪肉亦切成薄片，煎好鸡蛋做成蛋丝，摆放在冷面上作为装饰，最后以胡椒、水梨和松子做调味，这就是所谓的'明月馆冷面'。"从这个记录中可以看出，大众化之后的冷面已经开始使用猪肉。

在日本帝国主义强占时期，文献中也有大量关于冷面的记录。另外在20世纪初以后，由日本人开发的调味料"味之素"（味の素）也让平壤冷面的美味更上一层楼。这个时期的冷面分为夏季冷面和冬季冷面，书中甚至还介绍了两者各自的烹饪方法。

明月馆照片明信片：这是用朝鲜餐厅明月馆本店全景照片做成的明信片。背面有粘贴邮票、填写地址与内容的字段，上面用铅笔写着"30,000"的字样。资料来源：韩国国立民俗博物馆

单单一个冷面的故事就足以写成一本厚重的书，在有限的版面上

很难将其全部写下来。若是要简单地整理一下，大概可以得出这样的结论：冷面是平壤冷面的始祖，即使在朝鲜时代也是上至君王下至百姓人人都喜欢的饮食，它是韩国固有的传统食物。

朝鲜王朝的末代皇后——纯贞孝皇后

高宗除了明成皇后之外还有 8 位后宫嫔妃，虽然生下了众多儿女，可是生存下来的只有朝鲜王朝末代皇帝纯宗、贵人张氏生下的义亲王李堈、皇贵妃严氏生下的英亲王李垠，以及由贵人梁氏生下的德惠翁主。纯宗因为海牙密使事件被日本强行推上王位，并且于一九零七年七月十九日在庆运宫（德寿宫）举行继位大典，成了朝鲜第 27 代同时也是末代的君王。纯宗虽然是在日本的逼迫之下继任为王的，但他却是一名至诚的孝子。纯宗在王世子时期迎娶了纯明孝皇后闵氏，不过她在纯宗即位前的光武八年（1904 年）就因病逝世了，享年 33 岁。两年后的光武十年（1906 年），纯贞孝皇后尹氏正式成为纯宗的继妃，此时纯贞孝皇后年仅 13 岁，纯宗比她大了足足 20 岁。纯贞孝皇后作为朝鲜王朝最后一位国母，拥有雍容华贵的气度与坚毅的性格。在她成为继妃之后，她的父亲海丰府院君尹泽荣进入宫中，宫廷特意为他准备了用银器盛装的 12 道菜肴。但是他一打开银制餐具的盖子，却发现饭碗和菜盘全部都是空的。纯贞孝皇后借由此举将朝鲜王朝的实际情况传达给父亲，对走向亲日之路的父亲提出了无言的抗议。另外，在一九一零年日本夺走朝鲜主权之际，李完用强迫纯宗签署《日韩合并条约》，当时纯贞孝皇后躲在屏风后面偷听到这件事情，于是她把玉玺藏在她的裙子里，让李完用因为找不到玉玺而惊慌失措。在翻找了 3 个多小时之后，玉玺还是被她亲日派的伯父尹德荣强行夺走，这个故事非常有名。纯贞孝皇后尹氏就像纯宗一样，对高宗相当孝顺。

纯贞孝皇后：这是纯宗的继妃纯贞孝皇后（1894—1966 年）的照片。
资料来源：韩国国立故宫博物馆

一九一九年高宗突然意外逝世，一九二六年纯宗也因病去世了。不过，直到闭上眼睛的那天为止，尹皇后都没有忘记自己作为皇后的威望和体统。她是朝鲜皇室最后一位活着的见证人。在"6·25"战争爆发之后，尹皇后前往釜山避难，虽然当时顺利地住进了庆尚南道的道知事官舍，但是不久之后此处即被随后南下的李承晚总统夺走。之后她在釜山的某座教堂里租了一个房间，可是却不得不把房间让给同样前来避难的小叔子英亲王，最后只能辗转搬到给守墓人住的房间暂时安住。联合国军收复首尔后，虽然她再度回到了乐善斋，但是李承晚总统却颁布了法令，并且依据该法将昌德宫乐善斋收归国有。尹皇后被撵出宫廷，在无可奈何之下搬到了贞陵的修仁斋居住，过着一天比一天艰难的生活。第二共和国政府成立后，尹皇后终于被接回首尔，重新住进了乐善斋，不过在纯宗驾崩 40 年后的一九六六年，尹皇后即病逝于此，终年 72 岁。

菜单 5-2　东莱葱煎饼

肥沃田野与丰饶大海一应俱全的地方名产

老板娘，
快点给我来点米酒和下酒菜，
下酒菜就请替我煎个葱饼吧。

怎么办才好呢？
正好手边没有
做葱饼的食材了。

听说老板娘做葱饼的手艺
与东莱葱煎饼不相上下，
我因为想吃这个才一鼓作气跑过来，
真的不能给我做吗？

因为我得了伤寒，
所以无法去市集买菜。
不过那个东莱葱煎饼
真的有那么好吃吗？

当然好吃啰。
我给您说个东莱葱煎饼的故事，
请您替我做点别的下酒菜吧。

朝鲜后期对日外交的唯一窗口——东莱

位于釜山的东莱，其地名诞生于 8 世纪中叶新罗时代的景德王时期。朝鲜时代东莱设置了"东莱都护府"，在外交和军事上有着举足轻重的地位。由于东莱都护府在此设立了左水营与釜山军营，因此这里便成了守护朝鲜东南海岸的防御线，也成了战略性的军事要冲区域。位于此处并守护着东莱府的东莱邑城，是朝鲜时代最具代表性的邑城。万历朝鲜战争爆发时，东莱府使宋象贤为国殉节，东莱邑城也因此遭到倭军破坏。不过，虽然它在朝鲜时代经过了数次的改建增修，但依然展现着坚固的邑城面貌。不仅如此，东莱温泉也是人们经常造访的名胜景点。再加上万历朝鲜战争以后，日本人进出朝鲜的地方仅限于倭馆 [1]，所以倭馆所在的东莱是朝鲜后期对日外交的唯一窗口。住在倭馆的日本人有 500 名至 600 名，每年在日本与朝鲜之间往返的贸易船约有 50 多艘。从日本到朝鲜的外交使节主要是由对马岛岛主每年例行派遣的使臣"送使"，以及只有发生外交悬案时才会特意派遣的"差倭"，而接待他们并进行外交事务的地方就是东莱。东莱地区还与日本开展了国家之间正式进行贸易的倭馆开市。由于东莱是外交与军事要塞，因此从由日本返回的通信使到由汉城前来的高官"接慰官"等人都会在这里做短暂的停留。先前在谈论地瓜的由来时，曾经提到初次将地瓜带回朝鲜的赵曮也是通过东莱前往日本的，他从日本返回时才将地瓜引进并且开始试着在东莱栽种。

---

[1] 朝鲜时期设在釜山的日本商务馆舍。

东莱邑城址北门全景：从高丽末期至朝鲜初期建造的釜山东莱邑城。它是抵御倭寇的第一道关口，在万历朝鲜战争发生时与釜山镇区一样，都是与倭寇展开激烈战斗的场所。

资料来源：韩国文化财厅

优质蔬菜和海鲜的绝妙组合——东莱葱煎饼

东莱地区拥有悠久历史的传统食物正是东莱葱煎饼。虽然并未在朝鲜时代的文献当中发现提及东莱葱煎饼的记录，但坊间有这样的说法：由于东莱是外交上非常重要的地方，为了能够随时招待前来的朝廷大臣，因此才会特别制作东莱葱煎饼这样的食物。东莱葱煎饼料多而味美，据说每逢"三巳日"（三月初三），东莱府使就会把东莱葱煎饼上呈给君王享用。还有一种说法是这样的，据说在建造东莱邑城的时候，因为提供给工人的米饭不足，所以用葱煎饼来代替。还有传闻说，葱煎饼的制作方法是由宫廷流传到民间的，听说将东莱葱煎饼转变为市面上出售的食物是因为 20 世纪 30 年代东莱府的官妓们，这是目前最有力的说法。当时东莱的官妓甚至成立了妓生工会，她们在经营的其中一家酒家"真珠馆"里，初次将东莱葱煎饼作为招待客人的下酒菜。不过当时贩卖的价格过于昂贵，如果不是富裕的达官显贵，一般人通常是吃不起的。后来，这样的东莱葱煎饼开始在每 5 天举行一次的东莱市集由手艺绝佳的妇女们负责煎制，并且以老百姓能够买得起的价格来贩卖，于是葱煎饼的人气也随之上升。当时东莱市集是闻名全国的大型市集，每当倭馆开市的时候，这里就是以私下交易形式控制倭馆后市的"莱商"的活动根据地。随着东莱市集中心商圈的形成，东莱葱煎饼的名气也跟着水涨船高。每当市集营业的时候，被称为"赶集商贩"的货郎们就会为了吃一口美味的东莱葱煎饼而加快脚步。当时甚至还产生了"为了吃葱煎饼而特地去东莱市集"的说法。

东莱葱煎饼除了是东莱市场的名产，也是春天的代表性食物。在锅中放入机张当地栽种的朝鲜细葱、彦阳地区生产的芹菜和牛肉末，还有在机张海边捕捞的新鲜海产，再将糯米和粳米磨成粉，调制成略稀的面糊倒入锅中，将鸡蛋打散淋在上面（打散时蛋白和蛋黄不需要完全混合在一起），盖上锅盖待其煎熟，令人垂涎三尺的葱煎饼即可完成。东莱葱煎饼最大的特色就是不加鱿鱼，这是因为想要把空间留给一些更加罕见或者是比较珍贵的海鲜，举例来说像是文蛤、牡蛎、虾、花蛤以及江珧蛤等海产。另外，将米粉调制成面糊时不加水，而是加入用葱根与各种材料熬煮出来的汤汁，酱料则是以传统方法酿造的酱油为基底来调配。东莱葱煎饼之所以会如此美味，是因为有当地盛产的翠绿蔬菜与刚从大海捕捞上来的新鲜海产，两者的组合形成了妙不可言的滋味。除非拥有像东莱一样的优异地理条件，否则其他地方是绝对无法复制出一样的食物的，因此东莱葱煎饼才会成为足以代表当地特色的风味饮食。

每到东莱市集开张的日子，即便人们并没有需要采买的东西，也会因为想要一尝东莱葱煎饼的美味蜂拥而至，所以卖东莱葱煎饼的店家门外总是排着长队。其中，开店至今已经传至第4代的第一餐厅东莱奶奶葱煎饼是最有名气的一家店。他们制作的东莱葱煎饼不仅较为厚实，煎制的技术也和一般葱煎饼不同，因此外人难以模仿。东莱人认为东莱葱煎饼是一种兼具魅力、品味、美味、风格以及趣味的食物，并且深深为它感到自豪。东莱人怀着对东莱葱煎饼的热情，在二零零四年成立了"东莱葱煎饼研究会"，并且积极地举行各种活动。每到东莱邑城历史庆典（东莱邑城历史祝祭）的时候，东莱人就会举行制作东莱葱煎饼的活动。

英勇对抗倭寇，为国捐躯的东莱府使宋象贤

朝鲜时代的东莱府使是正三品的堂上官，而宋象贤在一五九二年被任命为东莱府使。英祖时期东莱府画员卞璞的作品《东莱府殉节图》，描绘了万历朝鲜战争时让宋象贤以身殉国的那场东莱城激烈战役。该图由孝宗九年（1658年）东莱府使闵鼎重（1628—1692年）

在万历朝鲜战争时，以曾经亲眼见证东莱城战役的老人之词为基础所绘制，并于肃宗三十五年（1709 年）被再度临摹。其后英祖三十六年（1760 年），在东莱府使洪名汉的命令之下，该图由东莱府画员卞璞重新临摹绘制而成。此外，该图还有宋象贤宗家保留的珍藏版本，以及近代画家卞昆所绘制的画作。卞昆的作品中不仅记录了明确的制作时间和绘制者，而且就连主要的人物姓名、追封职称以及重要的山水地名也都有详细的记载。

　　一五九二年四月十四日，小西行长率领的 18000 名倭军第一军团攻陷了釜山镇，接着立即对东莱城展开攻势。虽然当时东莱府使宋象贤在万历朝鲜战争爆发的前一年甫上任，但他为了防御日本入侵自上任以来就采取了警戒的措施。宋象贤府使原先的计划是这样的，他打算在敌军入侵时，联合庆尚左道兵使（亦指兵马节度使）的兵力一同抵制。不过，一听到釜山镇沦陷的消息之后，庆尚左道的兵马节度使李珏就因为心生畏惧而逃之夭夭。另外，负责防御釜山海域的庆尚左水营水使（亦指水军节度使）朴泓，也在敌方大军涌入釜山浦之际弃城而逃。釜山镇沦陷之后，能够守护东莱城的人只有宋象贤府使以及他所率领的士兵而已。倭军先把写着"战则战矣，不战则假道"的木牌递送到东莱城，用以劝告东莱邑城的军民尽快投降。对此，宋象贤将写着"战死易，假道难"的木牌掷向敌方阵营，表现出了抗战到底的气势。虽然宋象贤一方誓死抗战，但是却抵挡不住带着火枪进攻的敌军。最后他跑向供奉君王殿牌的客舍前方，在盔甲外面背上朝服，面朝君王所在的北方行了 4 次大礼，并且在扇子上面写下了留给父亲的书信。城破后他仍与倭军奋战到底，最终英勇战死。

《东莱府殉节图》：描绘的是一五九二年四月十五日在东莱城与倭军奋战，最终殉国的宋象贤与将士们。这是一八三四年四月由曾任东莱府千摠的卞昆所绘制的《东莱府殉节图》，虽然另外还有两幅作品，分别是卞璞的作品与宋象贤宗家的收藏版本，但是明确地标示出制作时间和绘制者的作品仅此一幅。

资料来源：韩国文化财厅

菜单 5-3　全州拌饭、黄豆芽汤饭

调味恰到好处，更高档次的全州风味

老板娘，我赶着要出发了。
酒馆里上菜速度最快的菜色
是什么呢？

看来您真的急如星火啊。
我做一道放满了各种野菜的
拌饭给您，如何呢？

这个当然好，
虽然不是要举行祭祀，
不过请您均匀地放上蔬菜吧。

我是要给您做拌饭，
怎么说到祭祀上去了呢？

哎呀，因为那个拌饭
就是因为祭祀
而产生的菜肴哇。

真的吗？这我还是第一次听说呢。

那么趁着您准备的时间，
我就把听来的拌饭由来告诉您，
请您听听看吧。

又有"骨董饭"之称的拌饭

骨董吾无厌

填肠浇馈佳

下咽惟己分

鼓腹是生涯

这是 18 世纪著名的实学家"星湖"李瀷所写的五言诗的其中一部分。"星湖"李瀷在诗中表明自己很喜欢"骨董",这是指什么东西呢？答案就是今日我们所吃的拌饭。洪锡谟在《东国岁时记》中介绍了"骨董"，也就是古董的由来，他说这是来自中国的食物。"江南（长江）人好作'盘游饭'，鲊、脯、脍、炙无不埋在饭下，此即饭之'骨董'，而自古已有此食品也。"

正如"星湖"李瀷所叙述的内容，拌饭在朝鲜时代被称为"汩董饭或骨董饭"。就汉字的意思来解读的话，"董"字有监督之意，而"董"这个字的部首是"草"字头，因此也可以解释为放入各种蔬菜等，将其与米饭混合搅拌做成的食物。就像《东国岁时记》在十一月篇里出现的"骨董面"，书中也说明了"骨董"是将各种食材混合在一起的意思。另外听说在大年三十的夜晚，为了不让上一年的食物有所剩余，不仅是民间，就连宫廷里也会做拌饭来吃。最早出现拌饭记录的是《是议全书》，书中提到了会将拌饭和杂烩汤一起端上餐桌。"将米饭煮熟，腌制过的肉炒熟，做好煎饼之后将其切成丝，各色蔬菜炒好，将上好的昆布先油炸过再弄碎。把上述食材加入米饭里，再加入大量的辣椒粉、芝麻盐和食用油，拌匀之后再用碗盛装。把煎好的鸡蛋切成像骨牌似的蛋丝摆在最上面。把肉剁成细末状，充分腌制入味后做成圆球状的肉丸子，在表面裹上一层面粉和蛋液，放入锅中煎熟后也摆放上去。最后把拌饭和杂烩汤一起端上桌享用。"这里所说的杂烩汤，是指用肋条肉与牛的内脏一起熬煮的汤品。

在研究者的报告中可以看出，早在三国时期举行的山神祭、洞祭或时祭等祭祀当中就有"神人共食"的仪式，也就是说，作为祭祀用的供品会平均分送给参加祭拜的所有人，韩文汉字写为"饮福"。推测拌饭就是在此时诞生的饮食。当时一般都是在山中或村口摆放供桌举行祭祀，这样做不仅空间不够宽敞，而且碗盘的数量也往往不足，因此人们会把野菜和烧烤等食物放在同一个碗里食用，于是拌饭就随着饮福的仪式而产生了。

另外在《朝鲜无双新式料理制法》当中，还有一则将拌饭与古董联想在一起的文章，内容十分有趣。究竟这两者之间有什么共同点呢？"拌饭即指'骨董'。若是把年久失修、外表有损伤的东西以及破烂的衣物等摆放在一起贩卖，那么这些东西就变成了'骨董'。由此看来，拌饭也可以算是'骨董'的一种，因为它同样也是由各种食材混合而成的食物。店里卖的东西应该要讲求新鲜、别致而且要摆放整齐，看起来才会清爽干净。若是像'骨董品'一样杂乱无章地摆放，那么不管是喜欢拌饭的人还是贩卖'骨董'的人，都会看起来像'骨董'似的显得混浊不堪。"内容大意是说古董店的物品摆设十分杂乱，还说喜欢吃拌饭的人跟这种店极其相似。可见这本书的作者李用基对不把食物好好地摆放整齐，同时将各种食物混合在一起的烹饪方式不甚赞同。除此之外，在朝鲜时代的文献之中，到处都找得到食用拌饭的记录。仁祖时期曾担任刑曹判书和意在判义禁府事等职务的文臣朴东亮（1569—1635 年），他的文集《寄斋杂记》里有在拌饭中加入鱼和蔬菜一起吃的记录。一八九一年至一九一一年间（高宗时期）留下个人日记的池圭植，在他的《荷斋日记》中记载着五六位邻居老人收到了邀请而前往南山山麓松林，当时款待他们的食物中也有拌饭。此外，李德懋的《青庄馆全书》中也有相关的记载，他在参加亲戚祭祀的时候，由于吃了拌饭而感到腹痛，还因此跑了六七次茅房。那么朝鲜时代的拌饭价格大约是多少呢？身为李家焕的侄子，曾经与"茶山"丁若镛有过交流的文臣李学逵（1770—1835 年），在他的著作《洛下生集》里记载了拌饭的价格，原来当时的拌饭要价不菲。书中提到："一条腰带的价格和富裕人家在夏天吃的一碗'骨董饭'一样，要价高达 600 钱。"

全州当地制作的高级拌饭，还有黄豆芽汤饭

价值 600 钱的腰带与"骨董饭"的价格是一样的，可见拌饭在当时是一种高级食物。能够将这种高级饮食作为风味小吃的地方，应该也是不平凡的地方。在韩国，将拌饭视为当地代表性风味小吃的地方正是现在全罗北道的道厅所在地，朝鲜时代监营的旧址，同时也是曾被东学农民军攻陷的全州。全州拌饭、平壤冷面以及开城汤饭一起被称为朝鲜三大美食。

关于全州拌饭的由来有下列几种说法。第一种说法是饮福发展

出了全州拌饭。自从甄萱攻克全州，将后百济的完山洲（全州）定为首都以来，百济王朝的精神就一直延续至今。此地已经成了一个具有气度、历史与传统的地方。在李成桂一家迁居咸镜道之前，他的祖先曾经居住过的地方也是全州，全州李氏是朝鲜王室的本籍。现在全州李氏的大同宗约院也设于全州，这里还供奉着太祖的御真。每年这里光是周年祭就会举行好几次，每到周年祭时更是人山人海。由于无法摆桌设宴招待那么多人，因此在饮福文化发展过程中，符合王室礼法且具有较高水平的拌饭就此诞生了。第二个说法是，据说在"绿豆将军"全琫准引领民众发动甲午农民战争期间，很多士兵连一顿饭都吃不上，补给的粮食也严重不足，因此才会研发出拌饭来作为军用的食物。第三种是农忙季节人们在休息时间吃的点心演变为拌饭的说法。全州是一个被田野环绕的富饶地区，一望无际的平原相当适合种植农作物。每到农忙季节，妇女们就会提着装有点心的竹篮到田里来，直接在现场做起拌饭来吃。第四个说法是这样的，据说君王与宗亲们在吃午膳的点心时，拌饭是上呈给君主的御膳之一。

因为全州是王室的本籍所在之地，所以也有人主张是王室的御膳拌饭后来普及至民间，才成为一道大众化的饮食。如果不是在全州，而是在其他地方点拌饭来吃的话，通常都是用不锈钢碗、瓷碗，或者是用石锅来盛装，但是在全州地区，则会用高级的方字输器来盛装拌饭。现在我们经常吃的石锅拌饭也是来自全州，30多年前的全州中央会馆开始使用石锅制作拌饭，这种做法进而传播到了全国各地。全州是全罗道各地农作物的集散地，因此拌饭所需的各种蔬菜和野菜等应有尽有，就地即可取得丰富的食材。拌饭中的米是使用肉汤烹煮而

铜器制品：铜器是指用黄铜制成的器皿。铜器依据制作技法分为方字铜器、
铸物铜器和半方字铜器，其中方字铜器的质量最为上等。
资料来源：韩国文化财厅

成的，然后再加入各种调味料和用陈年酱料拌过的野菜，光是一碗拌
饭里就足足有 20 多种蔬菜、野菜和肉类。人们在全州吃拌饭时通常
会搭配酱汤一起食用，于是他们也创造出了可以消除胀气的清爽黄豆
芽汤饭。全州的南川和西川以水质优异而闻名全国，这些清澈的河水
孕育、培植出了个头小而圆胖的黄豆芽，因此才能煮出美味的黄豆芽
汤饭。全州市人民将全州拌饭视为他们的乡土资产，每年都会举行全
州拌饭节，借此向前来参加庆典的本国游客和外国人宣传韩式饮食的
美味、品味和风味。

自称为"看书痴"的李德懋

奎章阁四大检书官之一的李德懋（1741—1793 年）认为自己只是一个爱看书的傻瓜，因此自称为"看书痴"。正祖对这样的李德懋疼爱有加，在他担任官职的 15 年间，光是赏赐给他的物品次数就有520 余次。另外在他死后，十分爱惜贤才的正祖还特别任命他的儿子李圭景担任检书官，并使用国家的预算将李德懋的遗稿编成了文集《青庄馆全书》。

18 世纪具有代表性的知识分子李德懋是所谓"白塔派"的成员之一。白塔是指圆觉寺址的十层石塔，居住在白塔周围，拥有相同想法和理念的一群知识分子被称为"白塔派"。他们之中辈分最高的大师级人物有"湛轩"洪大容和"燕岩"朴趾源，李德懋是其中的核心成员，后辈学者包括"楚亭"朴齐家、"泠斋"柳得恭、"惕斋"李书九以及"野馁"白东秀等人。他们共同分享着历史、地理、风俗乃至音乐等广大无垠的知识，是一群爱好风流的文雅之士。特别是洪大容、朴趾源以及朴齐家从清朝回来之后，便深深地沉醉于清朝的文物之中，并且主张引进清朝的文化制度，借以振兴工商业。依据"楚亭"朴齐家的代表作《北学议》之名，他们也被称为"北学派"。

据说爱书成痴的李德懋一生中阅读过的书有 2 万多册。就算每天读一本书，要达到这个数量也必须花费 54 年时间。庶子之家出身的他，其实家境十分拮据。由于家人忍受不了长时间的饥饿，因此在不得已的情况下，最后他只好把珍藏的 7 卷《孟子》以 200 钱的价格出售，用这些微薄的钱换取家人的温饱。听闻这件事情之后，他的好友柳得恭将自己心爱的《左传》拿出来卖掉，买了马格利酒赠予他，聊表安慰之意。身为读书狂的他即便得了冻伤，在手指头都已经因冻伤而出血的情况之下，还是会去跟别人借书回来阅读。由于囊中羞涩，为了节省纸张，他用蝇头小字抄写的书本竟然有上百本之多，书中每个字的一笔一画都相当端正工整，充满了真诚。人们都说，未经李德懋之眼的书是没有价值的书，因此经常争先恐后地把自己的书借给他看。

菜单 5-4　淳昌辣椒酱

只有淳昌才做得出来的名品酱料

老板娘，野菜让我胃口大开，
请您再给我点儿辣椒酱，
拌着一起吃应该会更美味。

要求的东西那么多，
银两却一点儿也没多给，
辣椒酱在这里。

哎呀，
光是用手指头沾一点尝尝就知道，
这个一定是淳昌辣椒酱吧。
极品啊！

唷，您的嘴巴也真够厉害。
淳昌辣椒酱可是全国第一呢，
虽然我也想过要自己做辣椒酱，
但是却没那个闲工夫，
只好去买淳昌辣椒酱了。

怪不得呀，
用老板娘这只锅盖般宽大的手，
怎么可能做出这个味道呢！
听完淳昌辣椒酱的故事之后，
您再来学一下腌制方法吧。

以名品辣椒酱闻名于世，淳昌辣椒酱的诞生

一提到淳昌，大家就会联想到色彩红艳的淳昌辣椒酱。生产淳昌辣椒酱的是全罗北道淳昌郡的各户人家，以及淳昌邑白山里的淳昌传统辣椒酱民俗村。淳昌辣椒酱中又以糯米辣椒酱最为出名，其颜色红艳、带有光泽。当地除了糯米辣椒酱之外，还生产粳米辣椒酱、梅子辣椒酱、大麦辣椒酱、高粱辣椒酱以及大蒜辣椒酱。

淳昌辣椒酱的渊源通过万日寺的碑石流传至今。据说高丽末期李成桂的老师无学大师为了帮助李成桂登基而在此处祈祷了万日，这也是万日寺名字的由来。就碑石上所刻的内容来看，无学大师在前往淳昌郡龟林面的万日寺时，中途曾经在某户农家吃了一顿美味的午餐。由于在农家吃到的辣椒酱令他念念不忘，因此无学大师在朝鲜建国之后，提议将淳昌辣椒酱作为特产进贡。此后，淳昌辣椒酱就成了君王御膳桌上专用的辣椒酱，名声远扬至全国各地。但是辣椒是在万历朝鲜战争以后才传入韩国的，也就是说韩国开始制作辣椒酱应该是18世纪以后的事情，因此故事中提到在朝鲜建国初期，将淳昌辣椒酱作为贡品进贡的事情应非属实。不过通过像这样流传下来的故事，我们可以得知淳昌辣椒酱的传统必然已经十分悠久，所以才会出现足以追溯到朝鲜时代的传说。

淳昌辣椒酱的颜色美丽、味道一流，然而能够造就如此美味的辣椒酱并非偶然。其他地区之所以做不出这样的辣椒酱，是因为唯有淳昌拥有非常适合腌制辣椒酱的得天独厚的自然条件。淳昌不仅有清澈的蟾津江水流经此处，而且四周被刚泉山环绕，形成了独有的盆地地

形，气候相当适合让辣椒酱产生发酵作用，并且可以使微生物的生长达到最高水平。年平均气温为 13.5℃，湿度平均大约是 73%，起雾的日子每年约有 77 天，这样的自然条件让制作辣椒酱时的米曲霉得以活跃且积极发挥作用。不仅如此，蛋白酶和淀粉酶的大量生长，加快了蛋白质和淀粉的分解速度，并且增加了游离糖与氨基酸的含量，从而造就了淳昌辣椒酱独有的香气和味道。另外，由于日照充足，这里的辣椒酱都是使用经过日晒的太阳草辣椒，因此每次打开辣椒酱的时候，都能够闻到独特的辣椒香气，还可以看到均匀适当的纤维质。在上述这些条件完美协调在一起之后，淳昌就可以生产出质量一如既往的美味辣椒酱了。

制作辣椒酱的记录，最早由景宗的御医李时弼（1657—1724 年）书写，亦有另一说法是出现在译官李杓所著的《谀闻事说》中。这本书中的"食治方"篇章介绍了有关淳昌辣椒酱是当地特产的内容。依据研究者的推测，该书著述的年代应该是一七二零年至一七四零年（英祖时期）之间。《谀闻事说》里的辣椒酱制作方法非常详细："20升豆子、5 升白屑饼，合细末乱捣入空石中；正二月限 7 日晒干后，将晒好的 6 升辣椒粉调和，又 1 升麦芽、1 升黏米，磨成粉末，快冷后甘酱分数同人，全部放入缸中腌制。"

不过有趣的是，书中记载了当时还会将鲍鱼、大虾以及红蛤一起放入辣椒酱中，另外，切片的生姜也一同放入，将其放置于阴凉处腌制 15 天之后才拿出来吃。由此可以看出，朝鲜时代会将海产放入辣椒酱里一起腌制入味后再食用。由于上述制作方法并不是《谀闻事说》的作者亲自编写的，而是转载了其他书里的内容，依作者个人的想法，他认为酱料当中一定还加了蜂蜜，但是制作方法中却没有提及蜂蜜，因此作者认为应该是原作者漏掉这项食材了。除此之外，在英祖四十二年（1766 年）出版，由柳重临著作的《增补山林经济》中也详细介绍了制作辣椒酱的方法。"在用大豆磨成的 10 升大豆粉里，加入 0.3 升辣椒粉、1 升糯米粉，取其三者之味，再加入优质的清酱（传统酱油）一同腌制，置于阳光下日晒使其发酵熟成。"

依据烹饪专家的推测，虽然书中记载的方法与现代的辣椒酱制作方法极其相似，但是由于里面的辣椒粉含量低，主要的成分是大酱，因此做出来的酱料看起来应该比较偏向大酱的样子。另外，书中的方法并不是用盐，而是用酱油来调味，这点与现代的做法也有差异。比《增补山林经济》晚了 50 多年才出版，由凭虚阁李氏著述的《闺合丛书》中也提及了淳昌辣椒酱和天安辣椒酱，说它们是朝鲜八道的名产，另外也介绍了制作辣椒酱的方法。随着岁月的流逝，制作方法也逐渐改变，《闺合丛书》中的内容比先前放入了更多的辣椒粉，并且从制作豆酱饼开始就加入大米，由此可以确认其已经与现代的制作方法更加接近了。然而比《闺合丛书》再晚 50 多年出版，由金迥洙编写的《月余农歌》中把辣椒酱称为"番椒酱"，并且提出了这样的制作方法："取 10 升大豆制成的麦酱面粉、0.3 升辣椒粉、1 升糯米粉，将三者腌制成清酱，并且放置于阳光下使其发酵熟成。"

将淳昌得天独厚的自然环境用"真心诚意"酿造

另外，一九三一年于《东亚日报》上连载了 1 年的《主妇手册》里的"掌握本月烹饪法"中，也介绍了制作辣椒酱的方法。文章中提到制作淳昌辣椒酱并没有什么秘诀，重点在于必须不断地搅拌盛放在宽大碗里的辣椒酱使其熟成。第一次腌制的时候，可以把豆酱饼或辣椒切成细末，放入大量的麦芽酵母，将其过滤后再腌制，也可以把切成薄片状的生肉加进去一起腌制。而且，淳昌辣椒酱若是腌得太淡而无味的话，很容易腐败变质，所以要经常搅拌让食材均匀入味。

不过，若是地点改变的话，即便是请淳昌本地人用淳昌当地的方式来腌制辣椒酱，也做不出淳昌辣椒酱原有的味道。这是因为少了淳昌特有的水、日照晒干的辣椒、用堆肥法耕种出来的大豆，以及腌制辣椒酱的时间和秘法。淳昌的水比其他地区的水含有更丰富的铁元素，辣椒和做酱曲的黄豆也有比较高的糖分。更重要的是，淳昌辣椒酱的美味秘诀在于农历七月处暑前后用陈年黄豆熬制成的甜甜圈形状的豆酱饼。首先，将制作好的豆酱饼悬挂在通风良好的阴凉处放置一个月。另外，到了秋日阳光和煦的时候，从刚收成的新鲜辣椒中挑选出味道辛辣且颜色红艳的辣椒，把籽全部去除之后，再将其捣碎做成辣椒粉备用。之后，到了农历冬至至腊月中旬这段时间，取出豆酱饼以及在秋季时就准备好的新鲜辣椒粉，把这些食材用"真心诚意"熬制成辣椒酱。最后，把辣椒酱缸放在日照充足的地方，并把布袜底样倒挂贴在缸口上。朝鲜的人们为了替家人做出合脚的布袜，会先依照脚的大小量制布袜底样，不过淳昌这里为什么要把布袜底样拿来贴在辣椒酱的酱缸上，而且还倒着贴呢？那是因为当地的人相信，如果把布袜底样倒过来贴的话，恶鬼们就会掉进布袜里，那么他们就可以守护酱缸，保持辣椒酱的味道不变。总而言之，淳昌辣椒酱是在得天独厚的天然环境中，配合时机精心腌制的酱料，最后还贴上了布袜底样，把祈求一切顺利的心意也蕴含在其中，造就了闻名全国的淳昌名产。

酱缸和布袜底样：这是"石南"宋锡夏先生的现场调查照片，上面附有"在酱缸贴上布袜底样之风俗"的说明。该照片拍的是用韩纸制作的布袜底样倒贴在酱缸上的样子。
资料来源：韩国国立民俗博物馆

------‹⁓›------

无学大师与郑道传关于汉阳迁都的核心之争

如果到忠清南道瑞山市浮石面看月岛里的话，可以看到坐落于小小岩石岛上的看月庵。相传这座小庵堂是由高丽末期的无学大师创建的，无学大师在此处修道的时候，因为观看月亮而悟道，故而将庵堂取名为"看月庵"。无学大师被誉为风水大师道诜国师的接班人，他精通风水地理之道，被李成桂奉为老师及王师。因此，李成桂在朝鲜建国定都时，首先就想到了无学大师，并且派他前往汉阳，考察建立新都城的位置。于是无学大师的逸事，就造就了后来"往十里"和"踏十里"这两处地名。但是无学大师不是朝廷掌握实权的人物，因此在与"三峰"郑道传展开的汉阳城池布局争论中处于劣势。汉阳的四周由内四山围绕：北边是北岳山（或白岳山），东边是骆驼山（洛山），西边是仁王山，南边则是木觅山（南山）。郑道传主张应该将朝鲜第一宫殿景福宫的主山定为北岳山，因为他认为自古帝王皆向南面进行统治。相反地，无学大师则是主张应该把仁王山当作景福宫的主山，将北岳山和木觅山视为左青龙与右白虎。其理由是，北岳山和汉阳的外四山之一冠岳山皆是属性为火的山，再加上木觅山的名称中带有"木"字，所以他认为一旦发生火灾的话，将会有巨大的灾难横扫朝鲜。他预言若是以北岳山为主山，在君王传承至第5代之前就会发生篡夺王位的悲剧，而且国家在200年之内就会发生重大的变故。让人感到惊讶的是，他的预言全都变成了现实。李芳远引发了两次王子之乱，首阳大君还发动了癸酉靖难，抢走了侄子端宗的君王宝座，而且还自行登基成为世祖。另外，朝鲜在建国 200 年后的一五九二年发生了万历朝鲜战争，汉城成为一片火海，就连景福宫也被烧毁。其实郑道传也不敢完全无视无学大师所说的话，所以他也请人设置了可以镇压火气的布局。他在光化门前设立了两只传说中能吞火的獬豸雕像，并且在崇礼门前方挖了一个名为"南池"的池塘，为了镇住冠岳山的不祥之气，他还将崇礼门的匾额以纵向悬挂的方式竖立了起来。

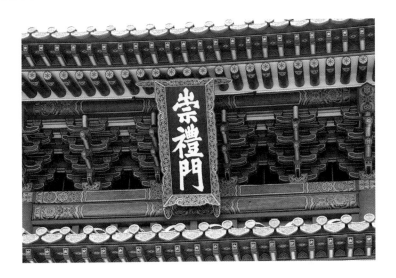

崇礼门匾额（2015 年拍摄）：这是朝鲜时代汉城都城正门崇礼门（南大门）的匾额，依据《芝峰类说》的记载，匾额应是由让宁大君亲自题字书写的。资料来源：韩国文化财厅

菜单 5-5 海州胜妓乐汤

为了守护海州的贵客们所准备的高级饮食

老板娘，最近好想吃海鲜，
能不能做点海鲜给我吃呢？

在我们这种穷乡僻壤，
哪里会有海鲜可吃呢？

也是，这里自然是没有海鲜可吃的。
不过就算是这样，
您也说点好听的安慰我嘛！
海州人为了某位值得感谢的人，
不是连朝鲜八道没有的食物
都做出来了吗？

我这辈子从来没离开过这里，
每天都在这里卖酒和食物，
我又怎么会知道
什么海州做的食物呢？

若是你没听过这个故事的话，
从现在开始就好好地听我说。
那一道饮食呀，
就叫作胜妓乐汤。

送给驱逐蛮夷的贵人——海州人的报恩

高丽时代蒙古入侵时期，元朝在朝鲜半岛设立统治机构东宁府的地方就在黄海道。在西北面兵马使营记官崔坦等人向元朝投降之后，此处即划归为元朝的行省东宁府。幸而在一二九零年，应高丽忠烈王的要求，元朝将东宁府归还高丽。进入朝鲜时代之后的太祖四年（1395年），取丰川和海州之名，东宁府更名为"丰海道"。在太宗十八年（1417年），由黄州和海州的名称各取一字，此处再度改名为"黄海道"。之后，海州成了黄海道观察使任职的监营所在地。海州的代表性风味菜肴，同时也被称为朝鲜最佳宫廷饮食的是"胜妓乐汤"。因为饮食的名称上有一个汤字，所以看起来好像是一道汤品。为什么会取一个这么奇怪的名字呢？原来是有一段故事。

在朝鲜初期，女真族经常在咸镜道和平安道一带策马前来寻衅滋事，令朝鲜军民头疼不已。后来在世宗时期，虽然世宗派遣崔润德和金宗瑞另外建设了四郡六镇，让南方的居民迁居到了平安道和咸镜道，但是女真仍然不断地越过国境，让当地民众不胜其扰、苦不堪言。其后在世祖六年（1460年），申叔舟奉世祖之命越过图们江征伐女真。后来为了顺应明朝的要求攻打建州女真，世祖又特意派遣南怡、康纯、鱼有沼等人，连同尹弼商率领的北伐军一起出兵征战，然后在征伐成功的地方实行"徙民政策"，让南边的居民搬迁到此地居住。但是到了成宗时期，女真又再次蠢蠢欲动，一逮到机会便屡屡犯境南侵，于是成宗派遣许琮前往阻挡女真的侵犯。成宗时期许琮征讨女真的事迹，在历史上留下了多次记载。例如，在世祖六年女真入侵时，许琮以兵马节制使都事的身份出征讨伐；一四六五年以后，他成了平安、黄海、江原以及咸吉道体察使韩明浍的从事官，对北伐战绩贡献良多；一四七七年，建州卫的女真族入侵朝鲜，他被任命为平安道巡察使前往征战。据说胜妓乐汤就是在一四六零年至一四七七年间，许琮奉成宗之命前往抵御女真族时，当地百姓们为了招待他而创造出来的饮食，并且由许琮亲自为其命名。

洪善杓在他于一九四零年著述的《朝鲜料理学》中提及为什么许琮会把这道特意准备来款待他的饮食取名为"胜妓乐汤"一事，并阐述了故事的来龙去脉。许琮奉命前往义州抵御女真的入侵，百姓们为了表示对他的欢迎之意，在珍贵的鲷鱼里加入各种调味料，精心准备了一道特制饮食来款待他。虽然许琮常年在汉城侍奉君王，早已品尝过各种珍贵的宫廷饮食，但是这种以鲷鱼为食材的菜肴他还是初次品尝，他不仅感觉味道惊艳，而且心中十分感动。于是他向老百姓打听这道佳肴的名字，但是大家却回答说这是特意为他准备的食物，由于是第一次制作，因此还没有取名字。许琮大喜过望，认为这道饮食的美味胜于在风乐伴奏之下唱歌跳舞的妓女与美酒，因此取"胜过妓生与音乐的汤"之意，替它取名为"胜妓乐汤"。胜妓乐汤又名"胜歌妓汤"，意指"胜过歌舞与妓生的汤"，另外又因为是"胜过妓生的绝佳之汤"，于是也有一个名称叫作"胜佳妓汤"。这道菜肴是宫廷进馔或两班贵族家有喜庆之事时才会准备的最高级食物。朝鲜后期文臣崔永年（1856—1935 年）在他的汉诗集《海东竹枝》里也有提及胜佳妓汤是海州的名产一事。

让人忘却妓生与音乐之乐的美味鲷鱼面

胜妓乐汤的主要食材鲷鱼，是有"大海的女王"之称的上等海鲜。鲷鱼在整个冬天都处于冬眠的状态，一直到天气暖和、冰块融化之后，它才会醒过来并且开始产卵。正值产卵期的鲷鱼不仅鱼肉色泽白皙、肉质鲜嫩，而且滋味最佳，营养也特别丰富，因此鲷鱼又被称为"春天的使者"。在告知人们必须开始进行农事的重要节气谷雨或端午之际，鲷鱼的美味更是达到最高点，可以说是当季最棒的时令食品。不过《增补山林经济》一书的作者柳重临却说："鲷鱼是'鱼头一味'，亦即鲷鱼头是最美味的部分，相较于春夏之际，在秋天与莼菜一起熬汤味道更佳。"

首次记载胜妓乐汤的书是一八零九年出版的《闺合丛书》。虽然《闺合丛书》也提到胜妓乐汤是胜于与妓生享乐之汤，但书里的胜妓乐汤烹调法中，并非使用鲷鱼，而是使用鸡肉作为主要食材。"将肥美老鸡的双脚去除，取出内脏之后，将 1 杯酒、1 杯油、1 杯良醋倒入，用竹签将其刺穿，将瓠瓜、香菇、葱、猪肉油脂切细后大量放入，最后再放入鸡蛋，像熬汤似的再加以烹煮即可完成。这就是倭馆里的美食，据闻'更胜妓生与音乐'。"这里提到的倭馆美食，是指日本人的食物通过倭馆流传至韩国的意思。与上述内容相较之下，一九一三年由方信荣著述的《朝鲜料理制法》与一九二四年出版的《朝鲜无双新式料理制法》中，皆出现了用鲻鱼来取代鸡肉的胜妓乐汤，其制作方法与《闺合丛书》相同。高宗时期以宫廷饮食端上筵席桌时，这道饮食的名字叫作"胜只雅汤"，当时也并非使用鲷鱼，而是以鲻鱼为主要食材。另外，在前面谈及全州拌饭时曾经提到的李学逵，他在辛酉迫害时被流放至庆南金海，于是记录了当地的风俗和乡土史，编写了一本名为《金官竹枝词》的书，里面提到"胜佳妓"是一种用神仙炉煮成的肉汤，是从日本流传过来的食物。但是崔南善在《朝鲜常识问答》中提到，日本的寿喜烧是在胜妓乐汤从韩国流传到日本之后才发展出来的饮食，待寿喜烧在日本盛行之后，才重新以另外的面貌传回了韩国。

虽然在众多文献当中，胜妓乐汤使用的主要食材皆不相同，但是海州的胜妓乐汤毋庸置疑是用鲷鱼做成的鲷鱼面。正如鲷鱼面一词的字面意思，准备一尾鲷鱼，将鲷鱼肉切片做成煎饼后放入锅中，再把煮好的肉、香菇、绿豆芽、黄花菜、芹菜以及木耳等放入，鸡蛋煎好切成蛋丝，将上述配料依序按照鲷鱼的模样排列。然后再把用各种调味料腌过的肉和肉汤放入，将熟鸡蛋做成漂亮的形状，最后再放入面条，等待汤汁煮沸。如此一来，一道色彩缤纷的胜妓乐汤就完成了，它不仅视觉效果令人赏心悦目，如同宫廷甜点桌上的花朵一样美不胜收，口感与风味也都是天下一绝。

名盛一时的南怡将军最终含冤而死的原因

若是要选出韩国历史上惨遭冤死的名将，上榜的代表人物必然是崔莹将军和南怡将军。后来崔莹将军被巫师们奉为国师堂的神明，而人们则每年都会在首尔的龙头洞举行大规模的堂祭来祭奠南怡将军。

南怡被朝中奸臣柳子光诬陷谋反，因此在 3 日之内被处以车裂而惨死，当时他年仅 28 岁。此外，柳子光还诬陷他的母亲在服丧期间吃肉，与儿子私通，并以莫须有的罪名将其处以凌迟之刑。那么南怡到底是因为什么罪名而惨遭处决的呢？

南怡将军墓：这是朝鲜初期的武臣忠武公南怡将军（1441—1468 年）的墓地，坟墓的左右两侧分别立着一对文人石与望柱石。
资料来源：韩国文化财厅

　　南怡的家族里都是赫赫有名的人物。南怡的祖父是宜山君南晖，祖母则是朝鲜太宗的四女贞善公主，也就是说南怡其实是太宗的外曾孙。而他的岳父是开国功臣权近的孙子，同时也官封左议政、以平定癸酉靖难受封为一等佐翼功臣。南怡在 19 岁时考取武科状元，其后屡次在沙场上奋勇杀敌，尤其是在李施爱之乱时立下了辉煌的战绩，因头等功勋而受封为"敌忾功臣",所以集世祖的宠爱于一身。《朝鲜王朝实录》里记载了南怡的英勇事迹,据说他虽然身中四五支箭,但是仍以泰然自若的神色击退了敌军。世祖虽然很宠爱南怡,但是也经常劝诫他不可心生自满。其他人对他的评价则是性格豪爽、善饮酒,但是有蔑视武士的倾向。南怡身任工曹判书之职,同时也官拜等同于现今陆军参谋总长的五卫都摠府都摠官,后来年仅 28 岁的他就已经登上了兵曹判书之位。不过后来世祖驾崩,素来忌妒南怡的睿宗继位之后,立即将南怡从兵曹判书降职为从二品的"兼司仆将"。其后在同年十月二十四日,看到彗星划过天际的南怡说道:"此乃革故鼎新之迹象。"于是兵曹参知柳子光便诬陷他有谋反之心,因此下令逮捕南怡将军并且以谋逆罪名将他处斩,最后将他车裂处死。直到纯祖十八年(1818 年),在右议政南公辙的奏请之下,南怡才得以恢复官爵和名誉,并且追封"忠武"之谥号。

参考文献

一手史料

[1] 池圭植:《荷斋日记》

[2] 崔汉绮:《农政会要》

[3] 崔世珍:《训蒙字会》

[4] 崔永年:《海东竹枝》

[5] 崔永年:《闺壶要览》

[6] 丁若铨:《兹山鱼谱》

[7] 丁学游:《农家月令歌》

[8] 洪万选:《山林经济》

[9] 洪锡谟:《东国岁时记》

[10] 黄泌秀:《名物纪略》

[11] 惠庆宫洪氏:《闲中录》

[12] 姜必履:《甘薯谱》

[13] 金安国:《救急禹瘟》

[14] 金安国:《慕斋集》

[15] 金长淳:《甘薯新谱》

[16] 金昌汉:《圆薯谱》

[17] 金昌业:《燕行日记》

[18] 金富轼:《三国史记》

[19] 金镳:《潭庭遗稿》

[20] 金迈淳:《洌阳岁时记》

[21] 金绥:《需云杂方》

[22] 金宗瑞、郑麟趾:《高丽史》

[23] 李珥:《石潭日记》

[24] 李圭景:《五洲衍文长笺散稿》

[25] 李海应（推测）:《蓟山纪程》

[26] 李奎报:《朝鲜王朝实录》

[27] 李奎报:《承政院日记》

[28] 李奎报:《东国李相国集》

[29] 李杓（推测）:《谖闻事说》

[30] 李晬光:《芝峰类说》

[31] 李荇等:《新增东国舆地胜览》

[32] 李学逵:《金官竹枝词》

[33] 李学逵:《洛下生集》

[34] 李裕元:《林下笔记》

[35] 柳重临:《增补山林经济》

[36] 柳得恭:《京都杂志》

[37] 柳晚恭:《岁时风谣》

[38] 朴东亮:《寄斋杂记》

[39] 朴齐家:《北学议》

[40] 凭虚阁李氏:《闺合丛书》

[41] 全循义:《食疗纂要》

[42] 权用正:《岁时杂咏》

[43] 申维翰:《海游录》

[44] 沈阳馆侍讲院:《沈阳状启》

[45] 吴其浚:《植物名实图考》

[46] 许浚:《东医宝鉴》

[47] 徐荣辅等:《万机要览》

[48] 徐有榘:《兰湖渔牧志》

[49] 徐有榘:《林园经济志》

[50] 徐有榘:《林园十六志》

[51] 徐有榘:《瓮饎杂志》

[52] 许筠:《屠门大嚼》

[53] 张桂香:《饮食知味方》

[54] 张善澄:《溪谷先生集》

[55] 赵曮:《海槎日记》

[56] 赵在三:《松南杂识》

[57] 郑东愈:《昼永编》

[58] 正祖:《日省录》

[59] 正祖:《园幸乙卯整理仪轨》

[60] 作者不详:《辟瘟方》

[61] 作者不详:《才物谱》

[62] 作者不详:《妇人必知》

[63] 作者不详:《进爵仪轨》

[64] 作者不详:《进宴仪轨》

[65] 作者不详:《进馔仪轨》

[66] 作者不详:《酒方文》

[67] 作者不详:《历酒方文》

[68] 作者不详:《是议全书》

[69] 作者不详:《要录》

[70] 作者不详:《迎接都监仪轨》

　　单行本

[1] 白斗铉:《饮食知味方注解》,阅文,2015 年。

[2] 崔成子:《韩国的风采、滋味与声音》,慧眼,1995 年。

[3] 崔南善、文亨烈编:《朝鲜常识问答》,2011 年。

[4] 方信荣:《朝鲜料理制法》,广益书馆,1921 年。

[5] 韩福镇:《我们的百年生活饮食》,玄岩社,2001 年。

[6] 韩福镇:《朝鲜时代宫中的食生活文化》,首尔大学出版部,
    2005 年。

[7] 韩福镇:《非知不可的我国 100 种饮食 1》,玄岩社,2005 年。

[8] 韩福镇:《非知不可的我国 100 种饮食 2》,玄岩社,2005 年。

[9] 韩国古文书学会:《朝鲜时代生活史 2——衣食住行,鲜活的朝鲜
    风景》,历史批评社,2000 年。

[10] 韩国古文书学会:《朝鲜时代生活史 3——衣食住行,鲜活的朝鲜

风景》，历史批评社，2006 年。

[11] 韩国国立文化财产研究所：《宗家的祭礼与饮食 9》，Worin，2006 年。

[12] 韩国历史研究会：《朝鲜时代的人们是如何生活的 1——社会、经济生活》，青年社，2005 年。

[13] 韩国文化财保护财团：《我们的风采，我们的味道：宫中饮食 40 选》，韩国文化财保护财团，2006 年。

[14] 韩国学中央研究院：《朝鲜后期宫中宴享文化 2》，民俗院，2004 年。

[15] 洪善杓：《朝鲜料理学》，朝光社，1904 年。

[16] 黄教益：《韩国饮食文化的 100 个事典》，Tabi，2011 年。

[17] 姜仁姬、李庆馥：《韩国食生活风俗》，三英社，1984 年。

[18] 金命吉尚宫：《乐善斋周边》，朝鲜日报 / 东洋放送，1977 年。

[19] 金尚宝：《朝鲜王朝宫中饮食》，修学社，2004 年。

[20] 金尚宝：《韩国的饮食文化》，karamplan，2006 年。

[21] KBS 韩国人的餐桌制作组、黄桥益：《韩国人的餐桌》，seedpaper，2012 年。

[22] 李用基：《朝鲜无双新式料理制法》，宫廷饮食研究院，2011 年。

[23] 朴宗采：《我的父亲：朴趾源》，朴熙秉译，Dolbegae，2013 年。

[24] 全循义：《食疗纂要：我国第一部食疗书》，Yesmin，2006 年。

[25] 全循义、韩福丽：《重温山家要录》，宫廷饮食研究院，2011 年。

[26] 世界泡菜研究所：《韩国宗家流传的发酵食品：记录宗妇的手艺》，CookAnd，2015 年。

[27] 吴晴:《朝鲜的年中行事》,民俗院,1992 年。

[28] 尹德老:《饮食杂学词典》,Bookroad,2007 年。

[29] 朱宁夏:《饮食人文学》,Humanist,2011 年。

[30] 朱宁夏:《餐桌上的韩国史》,Humanist,2013 年。

论文

[1] 车庆熙:《通过〈屠门大嚼〉所见之朝鲜中期各地区生产食品和乡土饮食》,《韩国食生活文化学会志》,2003 年,第 18 卷 4 期。

[2] 车庆熙:《朝鲜中期外来食品之引进及其影响》,《韩国食生活文化学会志》,2005 年,第 20 卷 4 期。

[3] 金基先:《雪浓汤与御膳桌的语源学考察》,《韩国食生活文化学会志》,1997 年,第 12 卷 1 期。

[4] 金尚宝:《18 世纪宫中饮食考究:以〈园幸乙卯整理仪轨〉为中心》,《大韩家政学会》,1984 年,第 22 卷 4 期。

[5] 金熙善:《从渔业技术的发展层面来看,〈闺壶是议方〉与〈闺合丛书〉中的鱼贝类利用情况之比较研究》,《韩国食生活文化学会志》,2004 年,第 19 卷 3 期。

[6] 李玉南:《〈园幸乙卯整理仪轨〉中出现的宫中宴会饮食之分析》,京畿大学博士论文,2011 年。

[7] 朴玉柱:《凭虚阁李氏〈闺合丛书〉之相关文献研究》,《韩国古典女性文学研究》,2000 年,第 1 期。

[8] 吴顺德:《朝鲜时代血肠的种类及烹饪方法之文献考察》,《韩国食生活文化学会志》,2012 年,第 27 卷 4 期。

[9] 辛承云：《朝鲜初期的医学书〈食疗纂要〉之对韩研究》,《书志学研究》, 2008 年, 第 40 期。

[10] 郑延亨、金东律、任炫正、车雄硕：《关于朝鲜王室饮食治疗（食治）中使用的人参粟米饮的起源及意义之考察》,《韩国食生活文化学会志》, 2015 年, 第 30 卷 4 期。